巧手拌凉菜

刘晓菲 主编

中国华侨出版社
·北京·

图书在版编目 (CIP) 数据

巧手拌凉菜 / 刘晓菲主编 .—北京 : 中国华侨出版社，2012.11（2024.4 重印）
ISBN 978-7-5113-3080-2

Ⅰ . ①巧… Ⅱ . ①刘… Ⅲ . ①凉菜 – 菜谱 Ⅳ . ① TS972.121

中国版本图书馆 CIP 数据核字（2012）第 276367 号

巧手拌凉菜

主　　编：刘晓菲
责任编辑：唐崇杰
封面设计：冬　凡
美术编辑：盛小云
部分图片提供：www.quanjing.com
经　　销：新华书店
开　　本：720mm × 1020mm　　1/16 开　　印张：13　　字数：208 千字
印　　刷：三河市兴博印务有限公司
版　　次：2013 年 1 月第 1 版
印　　次：2024 年 4 月第 8 次印刷
书　　号：ISBN 978-7-5113-3080-2
定　　价：52.00 元

中国华侨出版社　北京市朝阳区西坝河东里 77 号楼底商 5 号　邮编：100028
发 行 部：（010）88893001　　传　真：（010）62707370
网　　址：www.oveaschin.com　　E-mail：oveaschin@sina.com

前言

一盘盘色彩艳丽、清凉爽口的凉菜无疑是餐桌上不可或缺的一部分，既有拌、炝、腌、酱、卤、酥、熏、冻等做法，又有酸、甜、苦、辣、麻、咸、鲜等口味。凉拌素菜营养丰富，容易消化；凉拌荤菜喷香解馋，就饭下酒；鲜香水产味道鲜美，原汁原味；营养沙拉鲜嫩爽口，香甜美味。它们各具特色，老少咸宜，是适合全家一年四季食用的美味佳肴。

凉菜材料多为蔬菜，不仅口感好，易于制作，而且多采用少油、简单处理的烹饪原则，能最大限度地保存食材的营养。蔬菜中含有丰富的维生素，而破坏它的罪魁祸首就是高温，高温对能提高人体免疫力的维生素C杀伤力特别强。一般凉菜很少用油，盐分又容易附在蔬菜表面，少量就足以让人感觉到咸味，减少了心脑血管疾病的隐患。更值得一提的是，少了煎炒炸的蔬菜，从一定程度上也减少了致癌物质的生成，对健康非常有益。凉菜绿色健康，符合现代人要求油脂少、天然养分多的健康理念。因此在生活节奏日益加快的今天，来一盘制作简便而又美味清爽的凉菜，不失为一种极好的选择。

那么，如何用最短的时间、最简便的方式拌出一道道美味佳肴？本书从实际生活出发，介绍了凉菜的常见制法、调味料、调味汁、拼盘等美食知识，并根据普通大众的常用食材，按照凉拌素菜、凉拌荤菜、鲜香水产和营养沙拉几部分，分类讲解各式凉菜的烹饪窍门。书中所选的菜例皆为家常菜式，材料、调料、做法面面俱到，且烹饪步骤清晰，详略得当，同时配以彩色图片，读者可以一目了然地了解食物的制作要点，十分易于操作。即便你是小试牛刀的初学者，没有做饭经验，也能做得有模有样有滋味。书中不仅告诉你做凉菜更美味的秘诀，更为你提供了丰富的烹饪常识，让你做得更加得心应手。家常的食材，百变的做法，拌出最美味的凉菜！

更难能可贵的是，书中的每道菜都标明制作成本、制作时间，严把成本关，帮你全面省钱、省时间。另外，根据不同人群对膳食的不同需求，以直观的形式告诉你每道凉菜的营养功效与适合人群，指导你为家人健康配膳，让你和家人吃得更合理、更健康。

不用去餐厅，在家里用简单食材即可拌出丰盛佳肴，搭配各式调料，变幻出酸甜爽辣各式层出不穷的好滋味。翻开这本凉菜圣经，让全家天天都可享受凉菜的诱人滋味，让餐桌天天都有新菜色。

目录

第一部分 凉拌常识

第二部分 凉拌素菜

第三部分

凉拌荤菜

第四部分

鲜香水产

第五部分

营养沙拉

第一部分

凉拌常识

凉菜是风格独特、拼摆技术性强的菜肴。凉菜常用的原料有水产、蔬菜、果品及禽畜肉类等。此外，凉菜的调味料也很讲究。在此，开篇首先为大家介绍凉菜的常见制法及凉菜的各种调味料，让每一位入厨者都能制作出新鲜适口的佳肴。

凉菜的常见制法与调味料

凉菜，夏日消暑，冬日开胃，是四季都受欢迎的人气菜肴。凉菜不但方便料理，且制作方法多样、简便、快捷。在制作凉菜时调味料是非常讲究的，一般以甜咸为底味，辅以香辣对凉菜进行调味，味道极其醇厚。以下是非常实用的凉菜的常见制作方法及几种调味料的做法。

1凉菜的常见制作方法

●拌 把生原料或凉的熟原料切成丁、丝、条、片等形状后，加入各种调味料拌匀。拌制凉菜具有清爽鲜脆的特点。

●炝 先把生原料切成丝、片、丁、条等，用沸水稍烫一下，或用油稍滑一下，然后控去水分或油，加入以花椒油为主的调味品，最后进行掺拌。炝制凉菜具有鲜香味醇的特点。

●腌 腌是用调味料将主料浸泡入味的方法。

腌渍凉菜不同于腌咸菜，咸菜是以盐为主，腌渍的方法也比较简单，而腌渍凉菜要用多种调味料。腌渍凉菜口感爽脆。

●酱 将原料先用盐或酱油腌渍，放入食用油、糖、料酒、香料等调制的酱汤中，用旺火烧开后撇去浮沫，再用小火煮熟，然后用微火熬浓汤汁，涂在原料的表面上。酱制凉菜具有香味浓郁的特点。

●卤 将原料放入调制好的卤汁中，用小火慢慢浸煮卤透，让卤汁的味道慢慢渗入原料里。卤制凉菜具有味醇酥烂的特点。

●酥 将原料放在以醋、糖为主要调料的汤汁中，经小火长时间煨焖，使主料酥烂。

●水晶 水晶也叫冻，它的制法是将原料放入盛有汤和调味料的器皿中，上屉蒸烂或放锅里慢慢炖烂，然后使其自然冷却或放入冰箱中冷却。水晶凉菜清澈晶亮、软韧鲜香。

2凉菜调味料

●葱油 家里做菜，总有剩下的葱根、葱的老皮和葱叶，这些你丢进垃圾筒的东西，原来竟是大厨们的宝贝。把它们洗净，一定要晾干水分，与食用油一起放进锅里，稍泡一会儿，再开最小火，让它们慢慢熬煮，不待油开就关掉火，凉凉后捞去葱，余下的就是香喷喷的葱油了！

●辣椒油（红油） 辣椒油跟葱油炼法一样，还可以采用一个更简单的办法：把干红椒切段（更利辣味渗出）

装进小碗，将油烧热立马倒进辣椒里瞬间逼出辣味。在制辣椒油的时候放一些蒜，会得到味道更有层次的红油。

●花椒油 花椒油有很多种做法，家庭制法中最简单的是把锅烧热后下入花椒，炒出香味，然后倒进油，在油面出现青烟前就关火，用油的余温继续加热，这样炸出的花椒油不但香，而且花椒也不容易煳。花椒有红、绿两种，用

红色花椒炸出的味道偏香一些，而用绿色的会偏麻一些。另有一种方法，把花椒炒熟碾成末，然后加水煮，分化出的花椒油是很上乘的花椒油。

一盘好凉菜的要求

凉菜是具有独特风格、拼摆技术性强的菜肴，食用时多数都是吃凉的。凉菜切配的主要原料大部分是熟料，因此这与热菜烹调方法有着截然的区别，它的主要特点是：选料精细、口味干香、脆嫩、爽口不腻，色泽艳丽，造形整齐美观，拼摆和谐悦目。一盘好的凉菜应该达到以下要求。

1选材要新鲜

制作凉拌菜要选用新鲜蔬菜，不能用霉烂变质、发黄变蔫的蔬菜。有些蔬菜在冰箱里放了一段时间后，会失去原有的鲜美口感和滋味，营养成分也会有所损失，不宜再凉拌。

2口感要好

在烹调方法上，凉菜除必须达到干香、脆嫩、爽口等要求外，还要求做到味透肌理、品有余香。

3刀工要细致

刀工是决定凉菜形态的主要工序。在操作上必须认真精细，做到整齐美观，厚薄均匀，使改刀后的凉菜形状达到菜肴质量的要求。

4脆香、清爽

根据凉菜不同品种的要求，要做到脆嫩清香或爽口不腻。

5调味合理，火候适当

味要注意一致性，如糖拌番茄，口味酸甜，耐人寻味，如若加上盐，就令人扫兴了。对所用原料进行加工时要注意火候，如蔬菜焯到五六成熟时即好；卤酱和煮白肉时，要用文火，慢慢煮烂，做到鲜香嫩烂才能入味。

6色彩调和

在拼摆装盘时要求做到菜与菜之间、辅料与主料之间、调料与主料之间、菜与盛器之间色彩的调和。造型要艺术大方，使拼摆装盘后的凉菜呈现出色形相映、五彩缤纷、生动逼真的美感。

7要注意营养，讲究卫生

凉菜不仅要做到色、香、味、形俱美，同时还要更加注意各种菜之间的营养素及其荤素菜的调剂，使制成的菜肴符合营养卫生的要求，增进人体的健康。

8节约用料

在凉菜拼摆装盘时，要注意节约原料，在保证质量的前提下，尽量减少不必要的损耗，以使原料达到物尽其用。

9随拌随吃

备好主料，随吃随拌，既可保持水分，又可防止污染。

10荤素分离

肉食类凉拌菜在烹制熟后要放在密封容器里，再放入冰箱的冷藏室，防止与其他食物接触造成交叉感染。

11味精要化开

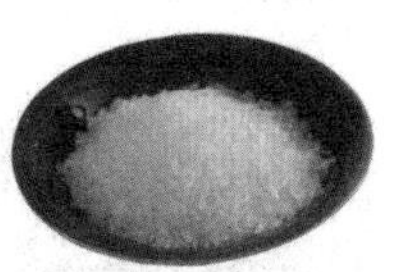

凉拌菜在使用味精时，要用热水化开，待味精溶解后再倒入菜中，未经溶化的味精效果差。

12蒜、醋调味

凉拌菜中要适量放些蒜泥和食醋，这样既可增加食欲，又可起到杀菌的作用。

13防虫防尘

制好的凉拌菜，在食用之前，夏、秋季节要罩上防蝇罩，冬、春季节要用干净的布盖上，以防止灰尘落入。

美味凉拌菜怎样“拌”

低油少盐、清凉爽口的凉拌菜，绝对是消暑开胃的最佳选择，但如何才能做出爽口开胃的凉拌菜呢？你掌握其中的诀窍了吗？下面为大家提供的这些诀窍会让你用最短的时间、最快的方式拌出一手美味佳肴。

1 选购新鲜材料

凉拌菜由于多数生食或略烫，因此首选新鲜材料，尤其要挑选当季盛产的材料，不仅材料便宜，滋味也较好。

2 事先充分洗净

在制作凉拌菜前要剪去指甲，并用肥皂搓洗手 2 ~ 3 次。制作前必须充分洗净蔬菜，最好放入淘米水中浸泡 20 ~ 30 分钟，可消除残留在蔬菜表面的农药。食用瓜果类洗净后可放到 1‰ ~ 3‰的高锰酸钾水中浸泡 30 分钟；叶菜类要用开水烫后再食用。菜叶根部或菜叶中可能有砂石、虫卵，要仔细冲洗干净。

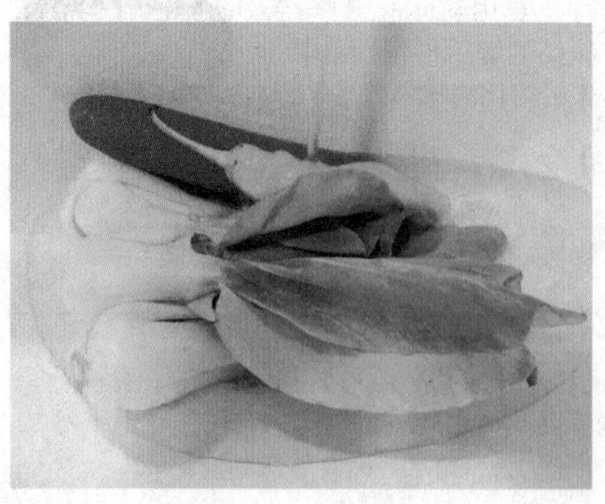

3 完全沥干水分

材料洗净或焯烫过后，务必完全沥干，否则拌入的调味酱汁味道会被稀释，导致风味不足。

4 食材切法一致

所有材料最好都切成一口可以吃进的大小，而有些新鲜蔬菜用手撕成小片，口感会比用刀切还好。

5 先用盐腌一下

例如小黄瓜、胡萝卜等要先用盐腌一下，再挤出适量水分，或用清水冲去盐分，沥干后再加入其他材料一起拌匀，不仅口感较好，调味也会较均匀。

6酱汁要先调和

各种不同的调味料，要先用小碗调匀，最好能放入冰箱冷藏，待要上桌时再和菜肴一起拌匀。

7冷藏盛菜器皿

盛装凉拌菜的盘子如能预先冰过，冰凉的盘子装上冰凉的菜肴，绝对可以增加凉拌菜的美味。

8适时淋上酱汁

不要过早加入调味酱汁，因多数蔬菜遇咸都会释放水分，冲淡调味，因此最好准备上桌时再淋上酱汁调拌。

9要用手勺翻拌

凉拌菜要使用专用的手勺或手铲翻拌，禁止用手直接搅拌。

10餐具要严格消毒

制作凉拌菜所用的厨具要严格消毒，菜刀、菜板、擦布要生熟分开，不得混用。夏季气温较高，微生物繁殖特别快，因此，制作凉拌菜所用的器具，如菜刀、菜板和容器等均应消毒，使用前应用开水烫洗。不能用切生肉和切其他未经烫洗过的刀来切凉拌菜，否则，前面的清洗、消毒工作等于白做。

11调味品要加热

凉拌菜用的调味品、酱油、色拉油、花生油要经过加热。

12火候要到位

凉拌菜有生拌、辣拌和熟拌之分。对原料进行加工时要注意火候，如蔬菜焯到半成熟时即可，卤酱和煮白肉时，要用文火，慢慢煮烂，做到鲜香嫩烂才能入味。一般生鲜蔬菜适合生拌，肉类适宜熟拌，辣拌则根据不同口味需要具体处理。

不同蔬菜的凉拌方法与配料

夏天食欲不振的时候，很多人都愿意吃凉拌菜。营养学的研究也证明，生吃蔬菜能够保存菜里面的营养，因为蔬菜中一些人体必需的生物活性物质在55℃以上温度时，内部性质就会发生变化，营养就会丢失，而吃凉拌菜则可以减少这种情况的发生。值得注意的是，并非所有蔬菜的凉拌方法都是一样的。

1 不同蔬菜的凉拌方法

● 适合生食的蔬菜 可生食的蔬菜多半有甘甜的滋味及脆嫩口感，因加热会破坏养分及口感，通常只需洗净即可直接调味、拌匀、食用。洗一洗就可生吃的蔬菜包括胡萝卜、白萝卜、番茄、黄瓜、柿子椒、大白菜心等。生吃最好选择无公害的绿色蔬菜或有机蔬菜。在无土栽培条件下生产的蔬菜，也可以放心生吃。

● 生、熟食皆宜的蔬菜 这类蔬菜气味独特，口感脆切，常含有大量纤维物质。洗净后直接调拌生食，口味十分清鲜；若以热水焯烫后拌食，则口感会变得稍软，但还不致减损原味，如芹菜、甜椒、芦笋、秋葵、苦瓜、白萝卜、海带等。

● 须焯烫后食用的蔬菜 这类蔬菜以热水焯烫后即可有脆嫩口感及清鲜滋味，再加调味料调拌即可食用。这些蔬菜分以下几类：第一类是十字花科蔬菜，如西兰花、花椰菜等，这些富含营养的蔬菜焯过后口感更好，其中丰富的纤维素也更容易消化；第二类是含草酸较多的蔬菜，如菠菜、竹笋、茭白等，草酸在肠道内会与钙结合成难以吸收的草酸钙，干扰人体对钙的吸收，因此，凉拌前一定要用开水焯一下，除去其中大部分草酸；第三类是芥菜类蔬菜，如大头菜等，它们含有一种叫硫代葡萄糖苷的物质，经水解后能产生挥发性芥子油，具有促进消化吸收的作用；第四类是马齿苋等野菜，焯一下能彻底去除尘土和小虫，又可防止过敏。

2 做凉拌菜必备的八大配料

● 食盐 能提供菜肴适当咸度，增加风味，还能使蔬菜脱水，适度发挥防腐作用。

● 糖 能引出蔬菜中的天然甘甜，使菜肴更加美味。用以腌泡菜还能加速发酵。

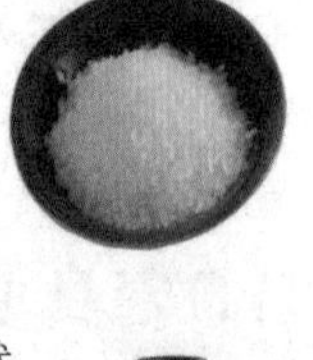

● 冷开水 可稀释调味及发酵后浓度，适合直接生食的材料，以便确保卫生。

● 白醋 能除去蔬菜根茎的天然涩味，腌泡菜时还有加速发酵的作用。

● 酒 通常用米酒、黄酒及高粱酒，主要作用为去腥，能加速发酵及杀死发酵后产生的不良菌。

● 葱姜蒜 味道辛香，能去除材料的生涩味或腥味，并降低泡菜发酵后的特殊酸味。

● 红辣椒 与葱、姜、蒜的作用相当，但其更为刺激的独特辣味，是使许多凉拌菜令人开胃的重大“功臣”。

● 花椒粒 腌拌后能散发出特有的“麻”味，是增添菜肴香气的必备配料。

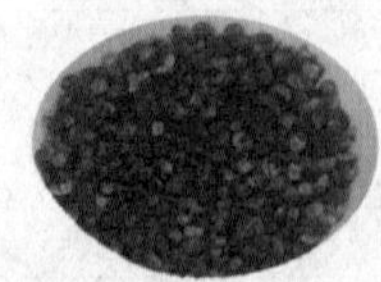

拌凉菜的方法对营养的影响

凉拌菜的搭配食材多样，拌凉菜的方法也五花八门，那么，怎样让拌出来的凉菜既营养全面又有利于人体对营养元素的吸收呢？请看以下的介绍。

1拌

拌是把生的原料或加热凉凉后的原料，经切制成小型的丁、丝、条、片等形状后，加入各种调味品拌匀的方法。拌制菜肴具有清爽鲜脆的特点。如蔬菜沙拉、胶东四大拌、芥末鲜鱿等菜，加食醋有利于维生素C的保存；加放植物油有利于胡萝卜素的吸收；加放葱、蒜能提高维生素B_1、维生素B_2的利用；若荤素搭配，则能有效地调节菜肴中营养素的数量和比例，起到平衡膳食的作用。

2炝

炝是先把生原料切成丝、片、块、条等，用沸水稍烫一下，或用油稍滑一下，然后滤去水分或油分，加入以花椒油为主的调味品，最后进行拌制。炝制菜则具有鲜醇入味的特点，如炝西芹、炝腰片，由于加热时间短，能有效地保存西芹中的维生素和腰片中的B族维生素。

3腌

腌是用调味品将主料浸泡入味的方法。腌制凉菜不同于腌咸菜，咸菜是以盐为主，腌制的方法也比较简单，而腌制凉菜须用多种调味品，口味鲜嫩、浓郁。由于盐的渗透作用，易造成凉菜中水溶性维生素和矿物质的流失。

4酱

酱是将原料先用盐或酱油腌制，放入用油、糖、料酒、香料等调制的酱汤中，用旺火烧开撇去浮沫，再用小火煮熟，然后用文火熬浓汤汁，涂在成品的皮面上。酱制菜肴具有味厚馥郁的特点，品种主要有酱油嫩鸡、杭州酱鸭、五香酱牛肉。由于长时间加热，原料中的蛋白质变性，氨基酸、有机酸、多肽类物质充分溶解出来，有利于风味的形成和消化吸收。

5卤

卤是将原料放入调制好的卤汁中，用小火慢慢浸煮卤透，使卤汁的滋味慢慢渗入原料里。制菜肴具有醇香酥烂的特点。其制品有卤肘子、卤牛肚、卤豆腐干、卤鸭舌。卤的原料大多是家畜、家禽、豆制品等蛋白质含量丰富的原料，因而卤水及成品滋味鲜美。

6酥

酥制冷菜是原料在以醋、糖为主要调料的汤汁中，经慢火长时间煨焖，使主料酥烂，醇香味浓。酥的主要品种有稣鱼、酥排骨、酥海带，酸性条件下长时间加热有利于鱼和排骨中钙质的软化与吸收。

7熏

熏是将经过蒸、煮、炸、卤等方法烹制的原料，置于密封的容器内，用燃料燃烧时的烟气熏，使烟火味焖入原料，形成特殊风味的一种方法。经过熏制的菜品，色泽艳丽，熏味醇香，并可以延长保存时间，如生熏带鱼、熏鸭等。

8冻

冻是将原料放入盛有汤和调味品的器皿中，上屉蒸烂，或放锅里慢慢炖烂，然后使其自然冷却或放入冰箱中冷却。成菜具有清澈晶亮、软韧鲜醇的特点。冻菜在夏天制作时，要选用脂肪含量相对较少的原料，如冻鱼、冻虾仁。还可用琼脂、新鲜果肉等原料加工成果冻，既补充维生素，又清凉解暑。

凉菜的30种调味汁的配制方法

凉菜在制作调味上是很讲究的，在制作凉菜时，若能掌握各种调味方法，不仅凉爽可口，营养丰富，而且还能增进食欲。常用的凉菜调味汁有以下30种。

1盐味汁

以精盐、味精、香油加适量鲜汤调和而成，为白色成鲜味。适用于拌食鸡肉、虾肉、蔬菜、豆类等，如盐味鸡脯、盐味虾、盐味蚕豆、盐味莴笋等。

2酱油汁

以酱油、味精、香油、鲜汤调和制成，为红黑色咸鲜味。用于拌食或蘸食肉类主料，如酱油鸡、酱油肉等。

3虾油汁

用料有虾子、盐、味精、香油、绍酒、鲜汤。做法是先用香油炸香虾子，再加调料烧沸，为白色咸鲜味。用以拌食荤素菜皆可，如虾油冬笋、虾油鸡片。

4蟹油汁

用料为熟蟹黄、盐、味精、姜末、绍酒、鲜汤。蟹黄用植物油炸香后加调料烧沸，为橘红色咸鲜味。多用以拌食荤料，如蟹油鱼片、蟹油鸡脯、蟹油鸭脯等。

5蚝油汁

用料为蚝油、盐、香油，加鲜汤烧沸，为咖啡色咸鲜味。用以拌食荤料，如蚝油鸡、蚝油肉片等。

6韭味汁

用料为腌韭菜花、味精、香油、精盐、鲜汤，腌韭菜花用刀剁成蓉，然后加调料鲜汤调和，为绿色咸鲜味。拌食荤素菜肴皆宜，如韭味里脊、韭味鸡丝、韭菜口条等。

7麻叶汁

用料为芝麻酱、精盐、味精、香油、蒜泥。将麻酱用香油调稀，加精盐、味精调和均匀，为赭色咸香料。拌食荤素原料均可，如麻酱拌豆角、麻汁黄瓜、麻汁海参等。

8椒麻汁

用料为生花椒、生葱、盐、香油、味精、鲜汤，将花椒、生葱制成细蓉，加调料调和均匀，为绿色咸香味。拌食荤食，如椒麻鸡片、野鸡片、里脊片等。忌用熟花椒。

9葱油

用料为生油、葱末、盐、味精。葱末入油后炸香，即成葱油，再同其他调料拌匀，为白色咸香味。用以拌食禽、蔬、肉类原料，如葱油鸡、葱油萝卜丝等。

10糟油

用料为糟汁、盐、味精，调匀后为咖啡色咸香味。用以拌食禽、肉、水产类原料，如糟油凤爪、糟油鱼片、糟油虾等。

11酒味汁

用料为优质白酒、盐、味精、香油、鲜汤。将调料调匀后加入白酒，为白色咸香味，也可加酱油成红色。用以拌食水产品、禽类较宜，如醉青虾、醉鸡脯，以生虾最有风味。

12芥末糊

用料为芥末粉、醋、味精、香油、糖。做法为用芥末粉加醋、糖、水调和成糊状，静置半小时后再加调料调和，为淡黄色咸香味。用以拌食荤素均宜，如芥末肚丝、芥末鸡皮薹菜等。

13咖喱汁

用料为咖喱粉、葱、姜、蒜、辣椒、盐、味精、油。咖哩粉加水调成糊状，用油炸成咖哩浆，加汤调成汁，为黄色咸香味。调禽、肉、水产都宜，如咖哩鸡片、咖哩鱼条等。

14姜味汁

用料为生姜、盐、味精、油。生姜挤汁，与调料调和，为白色成香味。最宜拌食禽类，如姜汁鸡块、姜汁鸡脯等。

15蒜泥汁

用料为生蒜瓣、盐、味精、麻油、鲜汤。蒜瓣捣烂成泥，加调料、鲜汤调和，为白色。拌食荤素皆宜，如蒜泥白肉、蒜泥豆角等。

16五香汁

用料为五香料、盐、鲜汤、绍酒。做法为鲜汤中加盐、五香料、绍酒，将原料放入汤中，煮熟后捞出冷食。最适宜煮禽内脏类，如盐水鸭肝等。

17茶熏味

用料为精盐、味精、香油、茶叶、白糖、木屑等。做法为先将原料放在盐水汁中煮熟，然后在锅内铺上木屑、糖、茶叶，加篦，将煮熟的原料放篦上，盖上锅用小火熏，使烟剂凝结于原料表面。禽、蛋、鱼类皆可熏制，如熏鸡脯、五香鱼等。注意锅中不可着旺火。

18酱醋汁

用料为酱油、醋、香油。调和后为浅红色，为咸酸味型。用以拌菜或炝菜，荤素皆宜，如炝腰片、炝胗肝等。

19酱汁

用料为面酱、精盐、白糖、香油。先将面酱炒香，加入糖、盐、清汤、香油后再将原料入锅煒透，为赭色咸甜型。用来酱制菜肴，荤素均宜，如酱汁茄子、酱汁肉等。

20糖醋汁

以糖、醋为原料，调和成汁后，拌入主料中，用于拌制蔬菜，如糖醋萝卜、糖醋番茄等；也可以先将主料炸或煮熟后，再加入糖醋汁炸透，成为滚糖醋汁。多用于荤料，如糖醋排骨、糖醋鱼片。还可将糖、醋调和入锅，加水烧开，凉后再加入主料浸泡数小时后食用，多用于泡制蔬菜的叶、根、茎、果，如泡青椒、泡黄瓜、泡萝卜、泡姜芽等。

21山楂汁

用料为山楂糕、白糖、白醋、桂花酱，将山楂糕打烂成泥后加入调料调和成汁即可。多用于拌制蔬菜果类，如楂汁马蹄、楂味鲜菱、珊瑚藕。

22茄味汁

用料为番茄酱、白糖、醋，做法是将番茄酱用油炒透后加糖、醋、水调和。多用于拌熘荤菜，如茄汁鱼条、茄汁大虾、茄汁里脊、茄汁鸡片。

23红油汁

用料为红辣椒油、盐、味精、鲜汤，调和成汁，为红色咸辣味。用以拌食荤素原料，如红油鸡条、红油鸡、红油笋条、红油里脊等。

24青椒汁

用料为青辣椒、盐、味精、香油、鲜汤。将青椒切剁成蓉，加调料调和成汁，为绿色咸辣味。多用于拌食荤食原料，如椒味里脊、椒味鸡脯、椒味鱼条等。

25胡椒汁

用料为白椒、盐、味精、香油、蒜泥、鲜汤，调和成汁后，多用于炝、拌肉类和水产原料，如拌鱼丝、鲜辣鱿鱼等。

26鲜辣汁

用料为糖、醋、辣椒、姜、葱、盐、味精、香油。将辣椒、姜、葱切丝炒透，加调料、鲜汤成汁，为咖啡色酸辣味。多用于炝腌蔬菜，如酸辣白菜、酸辣黄瓜。

27醋姜汁

用料为黄香醋、生姜。将生姜切成末或丝，加醋调和，为咖啡色酸香味。适宜拌食鱼虾，如姜末虾、姜末蟹、姜汁肴肉等。

28三味汁

由蒜泥汁、姜味汁、青椒汁三味调和而成，为绿色。用以拌食荤素皆宜，如炝菜心、拌肚仁、三味鸡等，具有独特风味。

29麻辣汁

用料为酱油、醋、糖、盐、味精、辣油、麻油、花椒面、芝麻粉、葱、蒜、姜，将以上原料调和后即可。用以拌食主料，荤素皆宜，如麻辣鸡条、麻辣黄瓜、麻辣肚、麻辣腰片等。

30糖油汁

用料为白糖、麻油，为白色甜香味。调后拌食蔬菜，如糖油黄瓜、糖油莴笋等。

第二部分

凉拌素菜

素菜通常指用植物油、蔬菜、豆制品、面筋、竹笋、菌类、藻类和干鲜果品等植物性原料烹制的菜肴。凉拌素菜营养丰富，别具风味，味道鲜美，容易消化，有利于人体健康。本章将为大家全面解析凉拌素菜的制作过程和美味秘诀，文图结合，通俗易懂，相信大家一学就会。

花生拌菠菜

制作成本	制作时间	专家点评	适合人群
6元	15分钟	保肝护肾	男性

材料 菠菜300克，花生米50克

调料 盐、味精各3克，香油适量

做法

1. 菠菜去根洗净，入开水锅中焯水后捞出沥干；花生米洗净。
2. 油锅烧热，下花生米炸熟。
3. 将菠菜、花生米同拌，调入盐、味精拌匀，淋入香油即可。

凉拌菠菜

制作成本	制作时间	专家点评	适合人群
5元	10分钟	增强免疫力	儿童

材料 菠菜300克，红椒10克，花生米10克

调料 盐3克，味精2克，香油适量

做法

1. 菠菜去根，洗净；花生米炒熟后，擀碎；红椒洗净，切成碎粒。
2. 锅中加水烧沸，下入菠菜焯至熟软后，捞出沥干水后，再切碎。
3. 将菠菜、花生碎、红椒粒与盐、味精、香油拌匀即可。

风味豆角

制作成本	制作时间	专家点评	适合人群
5元	8分钟	开胃消食	女性

材料 长豆角400克，红椒50克

调料 盐、味精各3克，香油适量

做法

1. 长豆角洗净，切成长短均匀的长条；红椒洗净，切长片。
2. 将豆角和红椒同入开水锅中焯水后，捞出沥干。
3. 调入盐、味精、香油拌匀装盘即可。

家乡豆角

制作成本	制作时间	专家点评	适合人群
3元	10分钟	增强免疫力	男性

材料 豆角180克

调料 红椒5克，盐3克，味精2克，酱油、红油各10克

做法

1. 豆角去筋，洗净，切成小段，放入开水中烫熟，沥干水分，装盘。
2. 红椒洗净，切成丝，放入水中焯一下，放在豆角上。
3. 将盐、味精、酱油、红油调匀，淋在豆角上即可。

1

2

3

荷兰豆拌蹄根

制作成本	制作时间	专家点评	适合人群
8元	15分钟	保肝护肾	男性

材料 荷兰豆100克，泡发蹄根200克，胡萝卜50克，蒜5瓣

调料 盐3克，鸡精1克，酱油2克，麻油、花生油各5克

做法

1. 荷兰豆择去头尾筋，洗净切小段，泡发蹄根洗净切段，胡萝卜去皮洗净切菱形小段，蒜去皮剁蓉。
2. 锅上火，加入适量清水，放入少许油、盐、糖，水沸后，放入切好的原材料，焯熟，捞出沥干水分，盛入碗内。
3. 调入鸡精、盐、酱油、香油、花生油、蒜蓉，拌匀摆盘即可。

蒜蓉荷兰豆

制作成本	制作时间	专家点评	适合人群
4元	8分钟	增强免疫力	儿童

材料 荷兰豆300克，蒜50克

调料 盐5克，味精3克

做法

1. 将荷兰豆择去头尾筋后，洗净；蒜去皮，剁成蓉。
2. 锅上火，加水烧沸，将荷兰豆下入稍焯后，捞出。
3. 在荷兰豆内加入蒜蓉和所有调味料，一起拌匀即可。

凉拌五仁

制作成本	制作时间	专家点评	适合人群
9元	15分钟	提神健脑	儿童

材料 四季豆、杏仁、红豆、白果各适量

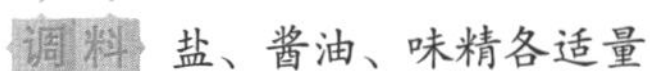

调料 盐、酱油、味精各适量

做法

1. 四季豆、杏仁、红豆、白果均洗净，入水中焯熟。
2. 将盐、酱油、味精调成味汁，然后将其淋到菜上即可。

核桃仁拌木耳

制作成本	制作时间	专家点评	适合人群
17元	12分钟	养心润肺	女性

材料 核桃仁250克，水发木耳150克，青、红椒各20克

调料 盐、味精各3克，香油适量

做法

1. 木耳洗净，撕成小片；青、红椒均洗净，切菱形片。
2. 将木耳与青、红椒分别入开水锅中焯水后，捞出沥干。
3. 将备好的材料加核桃仁同拌，调入盐、味精拌匀，再淋入香油即可。

芥蓝桃仁

制作成本	制作时间	专家点评	适合人群
15元	9分钟	开胃消食	儿童

材料 芥蓝200克，核桃仁80克

调料 红椒5克，盐3克，味精2克，香油10克

做法

1. 芥蓝摘去叶子，去皮，洗净，切成小片，放入开水中焯熟。
2. 红椒洗净，切成小片。
3. 芥蓝、核桃仁、红椒装盘，淋上盐、味精、香油，搅拌均匀即可。

芥蓝拌腊八豆

制作成本	制作时间	专家点评	适合人群
5元	10分钟	开胃消食	男性

材料 芥蓝250克，腊八豆80克

调料 红椒5克，盐3克，味精2克，生抽、辣椒油各10克

做法

1. 芥蓝去皮，洗净，放入开水中烫熟，沥干水分。
2. 红椒洗净，切成丁，放入水中焯一下。
3. 将盐、味精、生抽、辣椒油调匀，淋在芥蓝上，加入红椒、腊八豆拌匀即可。

爽口芥蓝

制作成本	制作时间	专家点评	适合人群
6元	8分钟	开胃消食	老年人

材料 芥蓝300克，红椒15克

调料 盐、味精、白糖、胡椒粉各3克，醋、香油各15克

做法

1. 芥蓝去皮，切片；红椒洗净切片，与芥蓝一同入开水中焯一下取出装盘。
2. 调入白糖、醋、盐、味精、胡椒粉、香油拌匀即可。

西芹苦瓜

制作成本	制作时间	专家点评	适合人群
4元	6分钟	排毒瘦身	女性

材料 苦瓜、西芹各100克，红椒30克

调料 盐、味精各3克，香油10克

做法

1. 苦瓜去籽，洗净，切片；西芹洗净，切片；红椒洗净切菱形片。
2. 将苦瓜、西芹、红椒分别入开水锅焯水后，捞出装盘。
3. 调入盐、味精，淋入香油即可。

姜汁西芹

制作成本	制作时间	专家点评	适合人群
4元	6分钟	降低血压	老年人

材料 西芹200克，姜10克

调料 醋、盐、味精、香油各3克

做法

1. 西芹洗净去丝切斜片，摆于碟上。
2. 姜切粒，与调味料一起搅拌成姜汁。
3. 把姜汁倒于西芹上，拌匀即可。

西芹拌芸豆

制作成本	制作时间	专家点评	适合人群
5元	12分钟	排毒瘦身	女性

材料 西芹100克，芸豆150克，甜椒30克

调料 盐3克，醋10克，糖15克

做法

1. 西芹洗净，切成斜段；甜椒洗净，切块；芸豆用清水浸泡备用。
2. 将芸豆放入开水中煮熟，捞出，沥干水分；西芹、甜椒在开水中稍烫，捞出。
3. 将芸豆、西芹、甜椒放入一个容器，加醋、糖、盐、香油搅拌均匀，装盘即可。

芹菜拌干丝

制作成本	制作时间	专家点评	适合人群
7元	10分钟	开胃消食	男性

材料 芹菜、干丝各150克，红辣椒1支，大蒜1瓣，胡萝卜50克

调料 盐1小匙，麻油2大匙，胡椒粉1/3小匙

做法

1. 芹菜摘除叶片，洗净切段；干丝泡水，洗净；胡萝卜去皮，切丝；大蒜去皮，切末；红辣椒洗净，去蒂，切丁。
2. 锅中倒半锅水烧热，放入芹菜、干丝及胡萝卜煮熟，捞起沥干，盛在盘中，加入蒜末及调味料搅拌均匀，最后撒上红辣椒丁即可端出。

芹蘸酱

制作成本	制作时间	专家点评	适合人群
3.5元	5分钟	降低血压	老年人

材料 芹菜300克

调料 盐4克，味精2克，芥末3克，酱油、辣椒油各适量

做法

1. 芹菜洗净，取茎切段备用。
2. 将芹菜段放入开水稍烫，捞出，沥干水分，放在盘中。
3. 用芥末、盐、味精、辣椒油调成酱汁，取芹菜段蘸食即可。

清口芹菜叶

制作成本	制作时间	专家点评	适合人群
4元	6分钟	降低血压	老年人

材料 芹菜叶350克

调料 盐、蒜泥、花椒油各3克，味精2克，辣椒碎4克，香油适量

做法

1. 将芹菜叶洗净，备用。
2. 锅上火，加水烧沸，下入芹菜叶焯水后捞起，用清水冲凉，沥干水分，备用。
3. 碗内调入盐、味精、辣椒碎、蒜泥、花椒油、香油搅匀，倒入芹菜叶，搅匀装盘即可。

香芹油豆丝

制作成本	制作时间	专家点评	适合人群
4.5元	10分钟	开胃消食	儿童

材料 芹菜150克，油豆腐150克

调料 红椒15克，盐3克，味精5克，香油、酱油各10克

做法

1. 芹菜洗净，切成段，放入开水中烫熟，沥干水分；油豆腐洗净，切成丝，入锅烫熟后捞起；红椒洗净，切成丝，放入水中焯一下。
2. 将盐、味精、酱油调成汁。将芹菜、油豆腐丝、红椒加入汁一起拌匀，淋上香油即可。

香干杂拌

制作成本	制作时间	专家点评	适合人群
4.5元	10分钟	增强免疫力	女性

材料 香干、胡萝卜各25克，芹菜250克

调料 甜椒10克，香油、生抽各10克，盐3克，鸡精5克

做法

1. 香干洗净，切成丝；芹菜洗净，切段；胡萝卜、甜椒均洗净，切丝。
2. 将香干、芹菜、胡萝卜、甜椒放入加盐的热水中，烫熟，捞起沥干水分，装盘。
3. 将香油、生抽、鸡精、盐调成味汁，淋在香干、芹菜、胡萝卜上，搅拌均匀即可。

酸辣空心菜

制作成本	制作时间	专家点评	适合人群
4元	6分钟	开胃消食	男性

材料 空心菜400克

调料 盐3克，青、红泡椒各5克，陈醋4克，香油适量

做法

1 将空心菜择去老叶，洗净。

2 锅中加水、盐烧沸，下入空心菜烫至熟后，捞出装盘。

3 将所有调料拌匀，淋在空心菜上再次拌匀即可。

拌空心菜

制作成本	制作时间	专家点评	适合人群
4元	6分钟	增强免疫力	女性

材料 空心菜400克，红辣椒适量

调料 盐2克，香油5克，红油8克，味精2克，醋10克，蒜末适量

做法

1 将空心菜洗净，入水中焯熟，捞出沥干后，装盘。

2 向盘中加入盐、香油、红油、味精、醋、蒜末拌匀即可。

雪里蕻拌椒圈

制作成本	制作时间	专家点评	适合人群
3.5元	6分钟	增强免疫力	女性

材料 雪里蕻300克，青椒50克

调料 盐、味精各1克，醋8克，香油适量

做法

1 雪里蕻洗净，切段；青椒洗净，切圈，用热水焯后晾干备用。

2 雪里蕻置于沸水中焯熟后，捞出放入盘中，再放入青椒。

3 加入盐、味精、醋、香油，拌匀即可。

三色姜芽

制作成本	制作时间	专家点评	适合人群
7元	10分钟	排毒瘦身	女性

材料 姜芽、圣女果、黄瓜各100克

调料 盐、味精各3克，香油适量

做法

1. 姜芽去皮，洗净；圣女果洗净，对切；黄瓜洗净，切片。
2. 将姜芽、圣女果、黄瓜一起放入碗中，调入盐、味精、香油搅拌均匀即可食用。

客家一绝

制作成本	制作时间	专家点评	适合人群
4.5元	8分钟	开胃消食	儿童

材料 粉丝250克，洋葱20克，红椒5克

调料 香菜、干红椒各5克，盐3克，味精5克，老抽10克

做法

1. 粉丝泡发洗净备用；洋葱洗净，切条；红椒去蒂洗净，切丝；香菜洗净；干红辣椒洗净，切段；将粉丝、洋葱、红椒分别入水中焯熟，捞出沥干，装盘。
2. 加盐、味精、老抽，撒上干红椒、香菜即可。

香辣折耳根

制作成本	制作时间	专家点评	适合人群
4元	10分钟	开胃消食	男性

材料 折耳根100克

调料 食盐、味精、陈醋、生抽、香麻油、炒辣椒粉各2克，辣椒油3克，白糖4克

做法

1. 折耳根洗干净，切成小段。
2. 将折耳根放入盆内，加盐、味精、白糖、陈醋、生抽拌匀，腌一会儿。
3. 入味后放辣椒油、香麻油装盘，撒上炒辣椒粉即可。

拌桔梗

制作成本	制作时间	专家点评	适合人群
4元	10分钟	开胃消食	男性

材料 桔梗250克

调料 辣椒粉5克，白砂糖3克，盐2克，醋8克，芝麻6克

做 法

1. 将桔梗去皮撕成条，拌入盐，揉搓后用清水反复冲几遍，至桔梗干净后，用盐腌入味。
2. 将洗腌过的桔梗挤去水分，放辣椒粉、白砂糖、醋、盐、芝麻拌匀，装入盘内即成。

农家杂拌

制作成本	制作时间	专家点评	适合人群
8.5元	12分钟	降低血糖	女性

材料 胡萝卜、黄瓜、生菜、莴笋各50克，紫包菜适量

调料 盐3克，味精1克，醋6克，老抽10克，辣椒油15克

做 法

1. 胡萝卜洗净，切片；黄瓜洗净，切片；莴笋去皮洗净，切丝；紫包菜洗净，切丝；将所有原材料入水中焯熟，装盘。
2. 用盐、味精、醋、老抽、辣椒油调成汁，食用时蘸汁即可。

大丰收

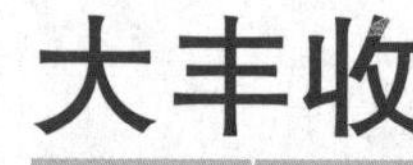

制作成本	制作时间	专家点评	适合人群
14元	8分钟	降低血糖	女性

材料 白萝卜、黄瓜、胡萝卜、生菜、圣女果、大葱各100克

调料 盐5克，味精5克，酱油20克，香油10克

做 法

1. 生菜、圣女果洗净；白萝卜、黄瓜、胡萝卜、大葱均洗净切长段，同生菜一起入沸水中焯熟，加入圣女果一起装盘。
2. 锅烧热加油，下各调味料煮汁，舀出装碗做蘸料即可。

川味泡菜

制作成本	制作时间	专家点评	适合人群
8元	10分钟	降低血糖	女性

材料 心里美萝卜、黄椒、甜椒、胡萝卜、野山椒、包菜各 100 克

调料 盐、子姜、白酒、花椒、八角、红糖、葱花、熟芝麻各适量

做法

1. 心里美萝卜、胡萝卜均洗净，切块；黄椒、甜椒均去蒂洗净，切片；包菜洗净，切片。
2. 所有原材料晾干，放入加凉开水和调味料的泡菜坛中腌渍 6 天，装盘，撒葱花、熟芝麻即可。

菊花百合

制作成本	制作时间	专家点评	适合人群
5元	20分钟	排毒瘦身	女性

材料 菊花 35 克，百合 80 克

调料 蜂蜜、冰糖各 8 克

做法

1. 菊花洗净，撕成小瓣，放入水中焯一下，捞起，沥干水分，装盘。
2. 百合剥瓣，去老边和心，放入开水中烫熟，晾干，与菊花拌匀。
3. 蜂蜜、冰糖、温开水拌匀，淋在菊花、百合上即可。

蜂蜜凉粽子

制作成本	制作时间	专家点评	适合人群
5元	65分钟	补血养颜	女性

材料 粽子400克，枸杞5克

调料 蜂蜜100克，盐少许

做法

1. 粽子入锅中煮熟，待凉后剥去外皮，切成薄片；枸杞以温水泡发。
2. 将粽子片放入蜂蜜和盐水调成的蜂蜜水中浸泡1小时，取出摆盘。
3. 放上枸杞即可。

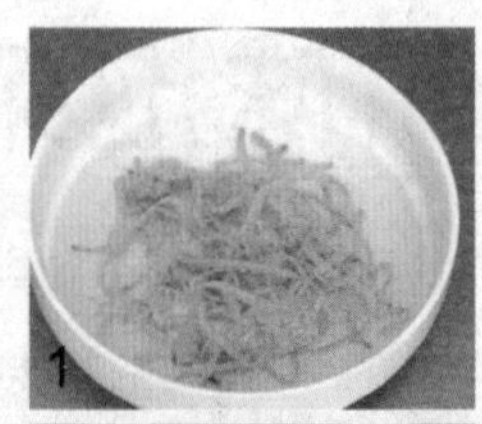

1

2

3

炝拌黄花菜

制作成本	制作时间	专家点评	适合人群
6元	10分钟	排毒养颜	女性

材料 黄花菜250克，辣椒面5克，蒜、胡萝卜各适量

调料 盐、味精各2克，白糖适量

做法

1. 黄花菜用凉开水洗净，泡约3小时至发，中途换水1次；蒜切蓉状。
2. 将黄花菜捞出，沥干水分，胡萝卜洗净切成细丝。
3. 将切好的原材料、调味料搅拌成糊状，倒入黄花菜、胡萝卜丝中拌匀即可。

魔芋拌黄花菜

制作成本	制作时间	专家点评	适合人群
6.5元	20分钟	补血养颜	女性

材料 魔芋丝结150克，黄花菜35克，青、红椒各5克

调料 味精、盐各3克，香油10克

做法

1. 魔芋丝结洗净，放入开水中烫熟，装入盘底；黄花菜洗净，放入水中焯一下，倒在魔芋丝结上；青、红椒洗净，切成丝。
2. 将味精、盐、香油调匀，淋在魔芋丝结、黄花菜上，拌匀。
3. 撒上青、红椒丝即可。

红油酸菜

制作成本	制作时间	专家点评	适合人群
4元	8分钟	开胃消食	男性

材料 酸菜250克，蒜10克，辣椒面5克，红油适量

调料 盐2克，香油5克，糖少许

做法

1. 酸菜切成段，蒜去皮切蓉状。
2. 用凉开水将切好的酸菜冲洗干净。
3. 将切好的原材料、调味料搅拌成糊状，倒入酸菜中拌匀即可。

凉拌鲜榨菜

制作成本	制作时间	专家点评	适合人群
6元	10分钟	开胃消食	女性

材料 鲜榨菜500克，麻辣酱10克，蒜5克

调料 盐5克，味精3克

做法

1. 将榨菜削去外皮后，切成薄片；蒜去皮，剁成蓉。
2. 将榨菜用盐腌渍5分钟后，挤去水分。
3. 将麻辣酱、蒜蓉和所有调味料一起拌匀即可。

1

2

3

辣鸡汁大芥菜

制作成本	制作时间	专家点评	适合人群
4.5元	12分钟	养心润肺	男性

材料 蒜5克，红椒10克，大芥菜200克

调料 盐3克，白砂糖5克，豆瓣酱、辣椒汁各适量，鸡精粉2克，油15克

做法

1. 大芥菜洗净去蒂托切丝，蒜切蓉，红椒切末。
2. 锅上火，注适量清水，加入少许食油、白砂糖、盐，烧沸，下大芥菜，焯熟，捞出过冰水约2分钟后，沥干水分，装盘。
3. 净锅上火，油烧热，放入蒜蓉、红椒末、豆瓣酱炒香，再调入盐、鸡精粉、辣椒汁、白砂糖，搅拌均匀成辣鸡汁，淋入盘中即可。

青椒拌百合

制作成本	制作时间	专家点评	适合人群
7元	8分钟	养心润肺	老年人

材料 百合500克，青椒20克

调料 盐5克，油8克，味精3克

做法

1. 将百合掰开后洗净，切去两端黑色部分；青椒洗净，切成小片。
2. 锅中加水烧沸，下入百合和青椒片稍焯后，捞出，装入碗内。
3. 将所有调味料一起加入碗内与百合拌匀即可。

凉拌虎皮椒

制作成本	制作时间	专家点评	适合人群
5元	12分钟	开胃消食	男性

材料 青椒150克，红椒150克，葱10克

调料 盐5克，酱油3克，老抽5克

做法

1. 青、红椒洗净后分别切去两端蒂头。
2. 锅盛油加热后，下入青、红椒炸至表皮松起状时捞出，盛入盘内。
3. 虎皮椒内加入所有调味料一起拌匀即可。

凉拌青红椒丝

制作成本	制作时间	专家点评	适合人群
6元	10分钟	增强免疫力	女性

材料 青椒150克，红椒150克，姜20克

调料 盐5克，味精3克

做法

1. 青、红椒洗净后，去蒂、去籽，切成丝；姜去皮，切成丝。
2. 青、红椒丝内加入盐腌渍5分钟后，挤去盐水。
3. 再加入姜丝和所有调味料一起拌匀即可。

凉拌韭菜

制作成本	制作时间	专家点评	适合人群
4元	7分钟	保肝护肾	男性

材料 韭菜250克，红辣椒15克

调料 酱油、白糖各10克，香油少许

做法

1. 韭菜洗净，去头尾，切5厘米左右长段；红辣椒去蒂和籽，洗净，切小片备用。
2. 所有调味料放入碗中调匀备用。
3. 锅中倒入适量水煮开，将韭菜放入烫1分钟，用凉开水冲凉后沥干，盛入盘中，撒上红辣椒及做法2中配好的调料即可。

凉拌西瓜皮

制作成本	制作时间	专家点评	适合人群
3元	10分钟	提神健脑	儿童

材料 西瓜皮 500 克，蒜 2 克

调料 盐 8 克，味精 5 克，麻油 15 克，花椒 2 克

做 法

1. 西瓜皮洗净，去外皮和瓜瓤，切细条，装碗，加盐和凉开水腌 10 分钟后沥干。
2. 花椒洗净；蒜剥皮捣成泥，放入西瓜丝盘内待用。
3. 麻油入炒锅，烧至七成热，放入花椒，炸出香味，用漏勺舀去花椒，将热油淋在西瓜丝上，撒上味精，拌匀，即可食用。

蒜汁捞木瓜

制作成本	制作时间	专家点评	适合人群
6.5元	11分钟	排毒瘦身	女性

材料 木瓜250克，胡萝卜100克，青瓜少许

调料 大蒜、彩椒各10克，白醋、麻油各5克，盐、鸡精各3克

做 法

1. 蒜、木瓜、胡萝卜洗净，去皮切细丁；彩椒去蒂和籽，青瓜洗净，都切菱形片。
2. 锅上火，加适量清水，烧沸，下切好的原材料，焯熟，捞出，沥干，盛入碗中。
3. 蒜炸成汁，加白醋、盐、鸡精、麻油，拌匀，调入装木瓜的碗中拌匀即可。

冰糖椰肉

制作成本	制作时间	专家点评	适合人群
5元	13分钟	开胃消食	老年人

材料 椰肉200克

调料 冰糖100克

做 法

1. 椰肉洗净切条，冰糖敲碎备用。
2. 锅上火，注适量清水，水沸后下椰肉，焯约5分钟，捞出沥干水分。
3. 净锅上火，倒入敲碎的冰糖和焯后的椰肉，边搅拌边加入水，直至冰糖溶化，盛出装盘即可。

拌五色时蔬

制作成本	制作时间	专家点评	适合人群
10元	8分钟	补血养颜	女性

材料 胡萝卜150克，心里美萝卜200克，黄瓜150克，凉皮200克，香菜少许，肉丝少量

调料 盐、味精各3克，醋适量

做法

1. 胡萝卜洗净，切丝；心里美萝卜去皮洗净，切丝；黄瓜洗净，切丝；香菜洗净。将所有原材料入水中焯熟。
2. 把调味料调匀，与原材料一起装盘拌匀即可。

白萝卜泡菜

制作成本	制作时间	专家点评	适合人群
7元	5分钟	开胃消食	男性

材料 白萝卜250克，莴笋100克，红辣椒50克

调料 子姜10克，盐20克，红糖20克，白酒20克，白醋50克，老姜10克

做法

1. 姜去皮洗净切块，把调味料放坛中备用。
2. 将凉开水注入坛中，在坛沿内放水；将各种原材料洗净，切成长方条，晾干水分，放入坛内用盖子盖严。
3. 泡菜坛子放室外凉爽处1～2天，即可取出食用。食用时可依个人口味淋上红油、撒上葱花。

香脆萝卜

制作成本	制作时间	专家点评	适合人群
4.5元	6分钟	养心润肺	女性

材料 白萝卜500克

调料 盐、醋、白糖、味精、干红椒、酱油、香油各适量

做法

1. 白萝卜洗净，去皮，切成圆片。
2. 煮锅置火上，加入清水，放入盐、醋、白糖、味精、干红椒、酱油煮滚，然后关火凉凉，制成酱汤待用。
3. 将萝卜片放入酱汤中，酱约24小时，捞出摆盘，淋上香油即可。

酸辣萝卜丝

制作成本	制作时间	专家点评	适合人群
6.5元	11分钟	排毒瘦身	女性

材料 白萝卜300克，蒜、葱各5克

调料 盐5克，红油10克，辣椒粉10克

做法

1. 萝卜去皮后洗净，切成细丝，盛入盘内；葱切花；蒜切片。
2. 加入盐腌5分钟后，挤去水分和辣味；再加入葱花、蒜片和所有调味料一起拌匀即可。

白萝卜莴笋泡菜

制作成本	制作时间	专家点评	适合人群
5元	13分钟	开胃消食	老年人

材料 白萝卜、莴笋各 80 克，红椒 50 克

调料 精盐、花椒、八角、白酒、白糖、醋、香油各适量

做法

1. 将白萝卜洗净，切块；莴笋洗净，去皮，切块；红椒洗净，切块。
2. 泡菜坛子中放入温开水、精盐、花椒、八角、白酒、白糖、醋，将白萝卜、莴笋、红椒放入，密封浸泡 1 天，捞出盛盘。在盘中淋上香油即可。

冰镇三蔬

制作成本	制作时间	专家点评	适合人群
11元	12分钟	防癌抗癌	男性

材料 黄瓜、胡萝卜、西兰花各150克，冰块800克

调料 盐3克，味精2克，酱油10克

做法

1. 黄瓜洗净，去皮，切薄长片；胡萝卜洗净，切薄长片；西兰花洗净备用。
2. 西兰花放入开水中，稍烫，捞出，沥干水；盐、味精、酱油、凉开水调成味汁装碟。
3. 将备好的材料放入装有冰块的冰盘中冰镇，食用时蘸味汁即可。

清凉三丝

制作成本	制作时间	专家点评	适合人群
7元	10分钟	降低血糖	女性

材料 芹菜丝、胡萝卜丝、大葱丝、胡萝卜片各适量

调料 盐、味精各3克，香油适量

做法

1. 芹菜丝、胡萝卜丝、大葱丝、胡萝卜片分别入沸水锅中焯水后，捞出。
2. 胡萝卜片摆在盘底，其他材料摆在胡萝卜片上，调入盐、味精拌匀。
3. 淋上香油即可。

辣泡双萝

制作成本	制作时间	专家点评	适合人群
7.5元	2天	开胃消食	女性

材料 胡萝卜200克，莴笋200克，白萝卜200克

调料 泡椒20克，子姜10克，盐20克，红糖20克，白酒20克，白醋50克，老姜10克

做法

1. 泡菜坛洗净晾干，泡椒洗净去蒂，姜去皮洗净切块，把调味料放坛中备用。
2. 将凉开水注入坛中，在坛沿内放水，即成泡菜水；将各种原材料洗净，切成小块，晾干水分，放入坛内用盖子盖严。
3. 泡菜坛子放室外凉爽处1～2天，即可取出食用。

脆嫩萝卜丝

制作成本	制作时间	专家点评	适合人群
4.5元	9分钟	开胃消食	女性

材料 白萝卜200克，胡萝卜50克，葱10克

调料 盐3克，麻油、酱油各10克，醋5克，糖适量

做法

1. 葱洗净，切末；白萝卜、胡萝卜分别去皮，切丝，放入碗中，加盐腌15分钟，腌好后挤干水分，盛入盘中，撒上葱末。
2. 锅中倒入麻油烧热，淋在胡萝卜、白萝卜丝上，加醋、糖、酱油调拌均匀即可。

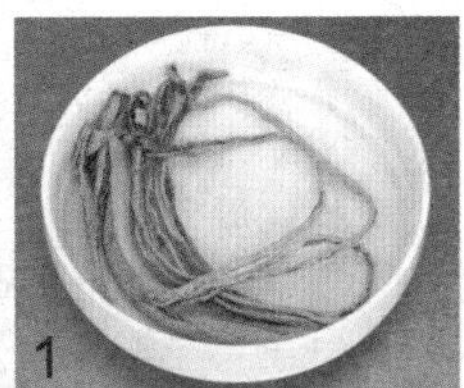
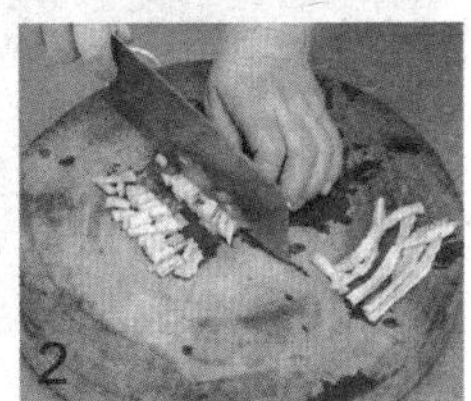

油辣萝卜丁

制作成本	制作时间	专家点评	适合人群
4.5元	340分钟	开胃消食	男性

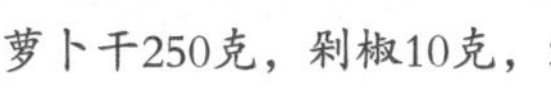

材料 萝卜干250克，剁椒10克，红油5克

调料 盐2克，味精、糖各适量

做法

1. 萝卜干在净水中泡5小时。
2. 取出萝卜干，切成丁，用凉开水冲洗干净。
3. 将剁椒、红油和调味料搅拌成糊状，和萝卜干拌匀即可。

拌水萝卜

制作成本	制作时间	专家点评	适合人群
5元	10分钟	增强免疫力	老年人

材料 小水萝卜350克

调料 大蒜5克，芝麻酱2克，葱5克

做法

1. 水萝卜洗净，切开，下入沸水中焯水后，捞出装盘；大蒜去皮，剁成蓉；葱洗净，切花。
2. 锅中加油烧热，下入蒜蓉、芝麻酱炒香后，淋在水萝卜上拌匀，再撒上葱花即可。

糖醋小萝卜

制作成本	制作时间	专家点评	适合人群
7.5元	80分钟	降低血脂	老年人

材料 小萝卜1000克

调料 盐3克，白糖10克，香醋15克

做法

1. 小萝卜洗净，去皮，横切几刀（不要切断），放入盆中，撒入少许盐拌匀，腌渍1小时左右。
2. 取出萝卜挤干水分，放入盘中，加入白糖和香醋拌匀，最后放入冰箱冷藏后食用。

双萝莴笋泡菜

制作成本	制作时间	专家点评	适合人群
7元	2天	降低血糖	女性

材料 胡萝卜、莴笋、心里美萝卜各200克

调料 泡椒、盐、红糖、白酒各20克，子姜、老姜各10克，白醋50克

做法

1. 泡椒洗净去蒂；姜去皮洗净切块；胡萝卜、莴笋、心里美萝卜分别洗净，切丝。
2. 凉开水注入坛中，在坛沿内放水；将各种原材料放入坛内用盖子盖严。
3. 泡菜坛子放室外凉爽处1～2天，即可取出食用。

酸甜萝卜块

制作成本	制作时间	专家点评	适合人群
3.5元	310分钟	开胃消食	儿童

材料 白萝卜100克，胡萝卜40克，蒜、辣椒粉各10克，姜5克

调料 醋20克，盐2克，味精、白糖各适量

做法

1. 白萝卜、胡萝卜洗净切成细长条，蒜切蓉，姜切末。
2. 用盐将白萝卜、胡萝卜条腌渍5小时，取出，用凉开水洗净，沥干水分。
3. 将切好的原材料、调味料搅拌成糊状，和萝卜条拌匀即可。

爽脆心里美

制作成本	制作时间	专家点评	适合人群
4元	80分钟	补血养颜	女性

材料 心里美萝卜200克

调料 蜂蜜15克，白糖20克

做　法

1. 心里美萝卜洗净，去皮，切成小块，入水中焯一下；碗中放上白糖、清水，放入心里美萝卜，腌渍60分钟。
2. 蜂蜜用温水调匀，做成味汁。
3. 将味汁淋在萝卜上即可。

青椒拌三萝

制作成本	制作时间	专家点评	适合人群
8元	15分钟	养心润肺	老年人

材料 青椒50克，花生米、苤蓝各30克，心里美、白萝卜、胡萝卜各100克

调料 盐4克、生抽8克，香菜、熟芝麻、醋各15克，葱5克

做　法

1. 心里美、白萝卜、苤蓝去皮，洗净，切成丝；青椒、胡萝卜洗净切成丝；香菜洗净切段；葱洗净，切花。
2. 将备好的材料在开水中稍烫后捞出；花生米在油锅中炒熟，切碎；将上述所有材料放在一个容器中，加葱花、香菜、醋、生抽、盐、熟芝麻拌匀即可。

胡萝卜丝瓜酸豆角

制作成本	制作时间	专家点评	适合人群
5元	10分钟	开胃消食	老年人

材料 丝瓜、胡萝卜、酸豆角各80克

调料 味精、盐各3克，香油、生抽各10克

做　法

1. 丝瓜洗净，去皮和瓜瓤，切成小段，放入开水中烫熟，放入盘底。
2. 胡萝卜洗净，去皮，切成小段，放入水中焯一下；酸豆角洗净，切成小段。
3. 将味精、盐、香油、生抽调匀，淋在丝瓜、胡萝卜、酸豆角上即可。

山西泡菜

制作成本	制作时间	专家点评	适合人群
5元	5分钟	开胃消食	男性

材料 白萝卜、胡萝卜各150克，青、红椒片各20克

调料 盐、味精各3克，泡红椒末、红油、醋各15克

做法

1. 白萝卜、胡萝卜均去皮，洗净切片。
2. 将盐、味精、醋加适量清水调匀，投入白萝卜、胡萝卜与青、红椒浸泡1天。
3. 将白萝卜、胡萝卜、青红椒取出，加泡红椒末、红油拌匀即可。

韩式白萝卜泡菜

制作成本	制作时间	专家点评	适合人群
5元	7分钟	增强免疫力	女性

材料 白萝卜250克，生菜叶2片

调料 葱、蒜各30克，嫩姜20克，辣椒粉50克，盐、香油各5克，糖3克

做法

1. 白萝卜洗净，切大块；葱洗净切段，嫩姜去皮切末，大蒜去皮切末。
2. 白萝卜放盐，腌1小时后用冷开水洗去盐分，沥干水后放入小坛内，再加入其他调味料拌匀，密封，腌渍3天即可。
3. 食用时搭配新鲜生菜叶。

三色泡菜

制作成本	制作时间	专家点评	适合人群
10元	5天	补血养颜	女性

材料 胡萝卜400克，莴笋250克，包菜100克

调料 盐150克，生姜20克，白酒50克，大蒜25克，红椒100克，红糖30克

做法

1. 胡萝卜洗净，切丁；莴笋洗净去皮，切丁；包菜洗净备用。
2. 将备好的原材料晾干，放进有盐、生姜、白酒、大蒜、红椒、红糖、凉开水的泡菜坛中密封腌渍5天，捞出装盘即可。

酸辣萝卜冻

制作成本	制作时间	专家点评	适合人群
7元	45分钟	增强免疫力	儿童

材料 果冻粉200克，白萝卜100克

调料 葱30克，红油20克，盐5克，味精3克，醋10克

做法

1. 白萝卜去皮，洗净，切碎；葱洗净，切成葱花。
2. 煮锅装水烧开，倒入萝卜碎，搅拌，倒入果冻粉，至粉化开，停火，拌匀。
3. 稍稍凉凉，把汤汁装进盆里，放入冰箱冻约半小时至凝结为胶冻，取出萝卜冻切成小块，把调味料拌好，均匀淋上即可食用。

萝卜块泡菜

制作成本	制作时间	专家点评	适合人群
4元	20分钟	开胃消食	女性

材料 萝卜600克，水芹菜100克

调料 辣椒粉42克，虾仁酱60克，蒜泥24克，姜末8克，小葱10克，盐24克，糖6克

做法

1. 萝卜洗净，切块；放入盐与糖腌渍。
2. 小葱与水芹菜均洗净，切段。
3. 腌好的萝卜中放入辣椒粉，均匀搅拌使萝卜上色变红后，再放入虾仁酱、蒜泥、生姜拌匀。
4. 放入小葱与水芹菜轻轻地搅拌后，用盐调味，装在缸里使劲压实。

萝卜片泡菜

制作成本	制作时间	专家点评	适合人群
7元	25分钟	养心润肺	女性

材料 白菜、萝卜各200克，红辣椒、水芹菜、松子各适量

调料 小葱、蒜泥、姜末、盐、糖、辣椒粉各适量

做法

1. 水、盐、糖、辣椒粉混合，做成泡菜汤汁；白菜与萝卜洗净，切成片，放入汤汁里腌渍。
2. 小葱与水芹菜洗净，切段，红辣椒纵向切开去籽，再切成丝。
3. 将装有蒜泥与生姜的棉袋子放进缸里，泡菜腌好后，放上水芹菜与松子上桌。

葱结辣萝卜

制作成本	制作时间	专家点评	适合人群
10元	20分钟	开胃消食	男性

材料 小的韩国白萝卜350克，小葱60克

调料 粗盐1杯，红辣椒粉1杯，大葱3棵，大蒜头1个，生姜3块，鱼酱5勺，糖1勺

做法

1. 白萝卜洗净，切小块，用盐腌渍；大葱洗净切丝，大蒜和生姜洗净剁细；将每两根小葱捆在一起，系成葱结。
2. 待白萝卜全部涂辣后，将蒜末、葱末、盐、鱼酱、糖、葱结倒入其中，拌匀，然后将辣萝卜装入陶罐中密封。

滇味泡菜

制作成本	制作时间	专家点评	适合人群
5.5元	1天	开胃消食	女性

材料 白萝卜100克，胡萝卜、莴笋各80克

调料 盐3克，味精、芝麻油、油辣椒各2克，白糖适量

做 法

1 白萝卜、胡萝卜、莴笋去皮、洗净，放入泡菜坛泡 1 天后取出。

2 白萝卜切成薄片，胡萝卜、莴笋切丝，用白萝卜片把胡萝卜丝、莴笋丝卷起来，斜刀切出装盘，另取胡萝卜刻花，放在中间。

3 盐、味精、白糖、芝麻油、油辣椒调成味，均匀淋在碟子上即可。

辣白菜

制作成本	制作时间	专家点评	适合人群
12元	30分钟	开胃消食	儿童

材料 白菜、萝卜、水芹菜、芥菜、牡蛎各适量

调料 葱丝、辣椒粉、糖、蒜泥、姜泥、盐各适量

做 法

1 白菜用手掰断，放粗盐腌渍。

2 将白菜、萝卜、水芹菜、芥菜洗净切丝。

3 在萝卜丝上撒上泡湿的辣椒粉，调拌均匀，放入蔬菜和牡蛎，加调料，轻拌后入盐。

4 用大菜叶将其围裹后放在坛子里，倒入所剩调料，最后将白菜压实即可。

炝拌娃娃菜

制作成本	制作时间	专家点评	适合人群
8元	8分钟	养心润肺	老年人

材料 娃娃菜500克

调料 盐、味精、生抽、熟芝麻、干辣椒、香油各适量

做法

1. 娃娃菜洗净，入开水稍烫，捞出，沥干水分，切成丝，放入容器。
2. 将干辣椒入油锅中炝香后，加盐、味精、生抽炒匀，淋在娃娃菜上拌匀，撒上熟芝麻，淋上香油装盘即可。

鸡酱娃娃菜

制作成本	制作时间	专家点评	适合人群
4.5元	8分钟	养心润肺	女性

材料 娃娃菜150克，鸡酱30克

调料 盐、味精各3克，生抽、香油各10克

做法

1. 娃娃菜择去老叶，洗净，在梗中间切几刀，放入加盐的水中焯熟，沥干水分，装盘。
2. 味精、生抽、香油调匀，淋在娃娃菜上，拌匀。
3. 将鸡酱淋在娃娃菜上即可。

爽口娃娃菜

制作成本	制作时间	专家点评	适合人群
4元	6分钟	开胃消食	女性

材料 娃娃菜100克，红椒5克

调料 泡椒5克，盐3克，味精5克，醋、生抽各10克

做法

1. 娃娃菜洗净，撕成小片，放入开水中烫熟；红椒洗净，切成小段；泡椒切开。
2. 盐、味精、醋、生抽调成味汁。
3. 将味汁淋在娃娃菜上，放上红椒、泡椒即可。

陈醋娃娃菜

制作成本	制作时间	专家点评	适合人群
5元	6分钟	养心润肺	老年人

材料 娃娃菜400克，陈醋50克

调料 白糖15克，味精2克，香油适量

做法

1. 将娃娃菜洗净，改刀，入水中焯熟。
2. 用白糖、味精、香油、陈醋调成味汁。
3. 将味汁倒在娃娃菜上进行腌渍，撒上红椒即可。

泡椒黄豆芽

制作成本	制作时间	专家点评	适合人群
3元	7分钟	开胃消食	男性

材料 黄豆芽250克，泡红椒30克

调料 葱20克，盐、味精各3克，醋10克

做法

1. 黄豆芽去头尾，洗净，入开水中焯水后捞出沥干水分。
2. 葱洗净，切长段；泡红椒洗净，切丝。
3. 将黄豆芽、泡红椒丝、葱调入盐、味精、醋拌匀即可。

香辣榄菜黄豆芽

制作成本	制作时间	专家点评	适合人群
4元	6分钟	保肝护肾	男性

材料 红椒5克，橄榄菜50克，黄豆芽250克

调料 盐3克，味精8克，生抽15克

做法

1. 豆芽洗净，放入开水中焯熟，沥干水分，装盘；红椒洗净，切成丝，放入水中焯一下。
2. 盐、味精、生抽调匀，淋在豆芽上，拌匀；将红椒、橄榄菜摆放在豆芽上即可。

黄豆芽拌荷兰豆

制作成本	制作时间	专家点评	适合人群
5元	9分钟	排毒瘦身	女性

材料 黄豆芽100克，荷兰豆80克，菊花瓣10克

调料 红椒、盐各3克，味精5克，生抽、香油各10克

做法

1. 黄豆芽掐去头尾，洗净，放入水中焯一下，沥干水分，装盘；荷兰豆洗净，切成丝，放入开水中烫熟，装盘。
2. 菊花瓣洗净，放入开水中焯一下；红椒洗净，切丝。
3. 将盐、味精、生抽、香油调匀，淋在黄豆芽、荷兰豆上拌匀，撒上菊花瓣、红椒丝即可。

豆腐皮拌豆芽

制作成本	制作时间	专家点评	适合人群
4.5元	12分钟	防癌抗癌	老年人

材料 豆腐皮300克，绿豆芽200克，甜椒30克

调料 盐4克，味精2克，生抽8克，香油适量

做法

1. 豆腐皮、甜椒洗净，切丝；绿豆芽洗净，掐去头尾备用。
2. 将备好的材料放入开水中稍烫，捞出，沥干水分，放入容器里。
3. 往容器里加盐、味精、生抽、香油搅拌均匀，装盘即可。

五彩素拌菜

制作成本	制作时间	专家点评	适合人群
8元	12分钟	开胃消食	女性

材料 绿豆芽、豌豆苗、香干、土豆、甜椒各100克

调料 盐3克，生抽8克，芝麻油适量

做法

1. 绿豆芽洗净备用；豌豆苗洗净备用；香干洗净，切丝；土豆去皮洗净，切丝；甜椒去蒂洗净，切丝；将所有原材料入水中焯熟。
2. 将备好的材料放入容器内，加盐、生抽、芝麻油拌匀，装盘即可。

意式拌菜

制作成本	制作时间	专家点评	适合人群
7元	10分钟	补血养颜	女性

材料 小白菜50克，包菜100克，紫包菜100克，熟花生米50克，圣女果适量，熟芝麻少许

调料 盐3克，味精2克，醋5克，生抽10克

做法

1. 小白菜、包菜、紫包菜洗净撕开；圣女果洗净。
2. 小白菜、包菜、紫包菜入沸水中焯熟，沥干后同圣女果、熟花生一起放入碗中。
3. 加入盐、味精、醋、生抽、熟芝麻拌匀即可。

博士居大拌菜

制作成本	制作时间	专家点评	适合人群
8元	12分钟	养心润肺	女性

材料 紫包菜、青椒、红椒、黄瓜、粉丝、包菜、胡萝卜、豆腐皮各80克

调料 盐4克，味精2克，生抽8克，香油适量

做法

1. 紫包菜、青椒、红椒、黄瓜、胡萝卜、包菜、豆腐皮均洗净切丝，粉丝发好。
2. 以上原材料用沸水焯熟后，沥干入盘。
3. 加盐、味精、生抽、香油搅拌均匀即可。

农家乐大拌菜

制作成本	制作时间	专家点评	适合人群
6元	8分钟	降低血压	女性

材料 紫包菜、青菜、圣女果各100克

调料 盐3克，味精1克，醋6克，熟芝麻少许

做法

1. 紫包菜、青菜洗净，撕片；圣女果洗净，切圈。
2. 把紫包菜、青菜入沸水中焯熟后同圣女果装盘。
3. 加入盐、味精、醋拌匀，撒上熟芝麻即可。

蔬果拌菜

制作成本	制作时间	专家点评	适合人群
10元	12分钟	补血养颜	女性

材料 紫包菜、柠檬、橙子、樱桃萝卜、梨各适量

调料 野山椒10克，盐3克，味精2克，醋5克

做法

1. 紫包菜洗净撕片，柠檬、橙子、梨、樱桃萝卜均洗净切片。
2. 将紫包菜、樱桃萝卜焯熟后同其他原材料一起装盘。
3. 加入盐、醋、味精、野山椒拌匀即可食用。

西北拌菜

制作成本	制作时间	专家点评	适合人群
8元	15分钟	提神健脑	儿童

材料 紫包菜、绿包菜、小白菜各150克，花生米50克

调料 盐4克，味精2克，生抽10克，醋15克，甜椒、芝麻各20克

做法

1. 紫包菜、绿包菜洗净，撕成小块；甜椒洗净，切成块；小白菜洗净，装盘。
2. 紫包菜、绿包菜、甜椒入锅焯烫，捞出装盘；花生米入锅炸熟，捞出装盘。
3. 将所有调料倒入盘中，拌匀即可。

爽口桑叶

制作成本	制作时间	专家点评	适合人群
4元	12分钟	保肝护肾	男性

材料 桑叶120克，花生米25克

调料 干红椒5克，盐4克，香油、生抽各8克

做法

1. 桑叶洗净切碎，入水中烫熟；干红椒洗净切碎；花生米洗净。
2. 油锅烧热，花生米爆熟，加干红椒，入盐、香油、生抽炒香，将花生米、干红椒淋在桑叶上即可。

兰州泡菜

制作成本	制作时间	专家点评	适合人群
5元	7天	增强免疫力	男性

材料 包菜400克

调料 盐20克，白酒10克，干辣椒25克，盐30克，八角、桂皮各适量

做法

1. 包菜剥去外层老叶，洗净，沥干水分备用。
2. 将所有调料加适量清水入锅中煮开后，待凉后倒入泡菜坛中，装入包菜。
3. 泡制7天后，捞出切丝即可食用。

千层包菜

制作成本	制作时间	专家点评	适合人群
8元	6分钟	增强免疫力	男性

材料 包菜700克，红椒50克，青椒25克

调料 盐4克，味精2克，酱油8克，醋5克，香油适量，姜末15克

做法

1. 包菜整个洗净，切成4份；青椒洗净，切末；红椒洗净，一部分切末，一部分切丝备用。
2. 将备好的原材料放入开水中稍烫，捞出，沥干水，装盘。
3. 将姜末、盐、味精、酱油、醋、凉开水调成味汁，淋在包菜上，浇上香油即可。

胭脂白菜

制作成本	制作时间	专家点评	适合人群
3.5元	5分钟	增强免疫力	女性

材料 白菜300克，红椒适量

调料 盐2克，味精1克，玫瑰醋5克，香菜适量

做法

1. 白菜洗净，切丝；红椒洗净，切成丝；香菜洗净。
2. 锅内注水烧沸后，加入白菜丝与红椒丝焯熟后，捞起置于盘中。
3. 向盘中加入盐、味精、玫瑰醋拌匀，撒上香菜即可。

双椒泡菜

制作成本	制作时间	专家点评	适合人群
4.5元	5分钟	排毒瘦身	女性

材料 包菜150克，青椒、红椒、胡萝卜各30克

调料 盐、味精、醋各适量

做法

1. 用盐、味精、醋加适量清水调成泡汁。
2. 包菜洗净，撕碎片；青椒、红椒、胡萝卜均洗净，切片。
3. 将备好的材料同入泡菜汁中浸泡1天，取出入盘即可。

爽口脆白

制作成本	制作时间	专家点评	适合人群
4元	8分钟	保肝护肾	男性

材料 大白菜180克

调料 干红椒、红椒、香油、盐、味精、生抽各适量

做法

1. 大白菜洗净，切成细丝，放入开水中烫熟，装盘；红椒去籽，洗净，切丝。
2. 炒锅放油，烧热，加入干红椒、红椒、香油、盐、味精、生抽炒香，制成味汁。
3. 将味汁淋在白菜上即可。

美味白菜

制作成本	制作时间	专家点评	适合人群
5元	40分钟	养心润肺	老年人

材料 大白菜400克，红椒15克

调料 盐3克，味精、白糖、芥末膏各1克，白醋4克，干辣椒2克

做法

1. 大白菜去叶，把梗切成片，用盐水腌半小时后冲水；干辣椒制成辣椒油，红椒切成片。
2. 把盐、味精、白糖、芥末膏、辣椒油调成味汁。
3. 将冲过水的大白菜装入盘中，红椒片摆在上面，淋上味汁即可。

泡包菜

制作成本	制作时间	专家点评	适合人群
4元	1天	保肝护肾	男性

材料 包菜100克，胡萝卜40克，八角、桂皮、泡椒各少许

调料 盐、味精各1克，白醋5克

做法

1. 包菜洗净，切成片状；胡萝卜去皮，洗净，切片。
2. 锅内放水，放入八角、桂皮、盐、味精、泡椒，烧沸后，转用小火炖煮，调出味，加入少许醋，盛出放凉。
3. 将切好的包菜和胡萝卜放入冷却的调料中泡制1天，捞出，即可食用。

麻辣泡菜

制作成本	制作时间	专家点评	适合人群
7元	315分钟	开胃消食	男性

材料 包菜200克，青、红辣椒15克，大蒜10克，胡萝卜150克

调料 盐2克，味精、辣椒油各适量，糖少许

做 法

1. 包菜、青辣椒、红辣椒、胡萝卜均洗净切成片，大蒜剁成蓉状。
2. 将切成片的原材料用盐腌5小时。
3. 取出洗净、切好的原材料，将调味料搅拌成糊状，和包菜等拌匀即可。

什锦泡菜

制作成本	制作时间	专家点评	适合人群
8元	615分钟	开胃消食	女性

材料 包菜200克，白萝卜80克，青、红辣椒各10克，胡萝卜适量

调料 盐2克，味精、糖、醋各适量

做 法

1. 包菜切成片，胡萝卜、白萝卜切块。
2. 包菜、萝卜、辣椒用盐腌制5小时。
3. 用凉开水将腌好的原材料洗净，沥干水分，再用糖醋水泡5小时即可。

辣包菜

制作成本	制作时间	专家点评	适合人群
5元	12分钟	开胃消食	女性

材料 包菜400克，大蒜、干红辣椒、葱丝各10克，姜丝5克

调料 盐5克，香油、味精各少许

做 法

1. 包菜洗净，切丝；干红辣椒洗净，去蒂和籽，切细丝；大蒜切末。
2. 将包菜丝放沸水中焯一下，捞出，再放凉开水中过凉，捞出沥干，盛盘。
3. 油锅烧至六成热，放葱丝、姜丝、辣椒丝、蒜末炒香，再加入盐、香油、味精，炒成调味汁，浇在圆白菜上，拌匀即可。

泡菜拼盘

制作成本	制作时间	专家点评	适合人群
13元	8分钟	增强免疫力	男性

材料 泡包菜、泡莴笋、泡胡萝卜、泡白萝卜、泡蒜薹、泡蒜头各100克

调料 红油、香油各适量

做 法

1. 泡包菜切块，泡莴笋切丁，泡胡萝卜、泡白萝卜均切成小片，泡蒜薹切成小段。
2. 将泡蒜头与所有切好的泡菜装盘。
3. 再淋上红油与香油，拌匀即可食用。

红油白菜梗

制作成本	制作时间	专家点评	适合人群
5元	8分钟	养心润肺	老年人

材料 白菜梗500克，红油、蒜各5克

调料 盐5克，味精3克

做 法

1. 将白菜梗洗净，切成小段；葱洗净，切成葱花。
2. 再在白菜梗内加入盐腌渍一会儿，挤出水分。
3. 将红油、盐、味精加入白菜梗内一起拌匀即可。

蜜制莲藕

制作成本	制作时间	专家点评	适合人群
6元	70分钟	养心润肺	老年人

材料 莲藕100克，桂皮10克，八角10克，糯米50克

调料 蜂蜜8克，冰糖10克

做 法

1. 莲藕去皮洗净，灌入糯米。
2. 高压锅内放入灌好的莲藕、桂皮、八角、蜂蜜、冰糖。
3. 加水煲1小时，凉凉即可。

泡椒藕

制作成本	制作时间	专家点评	适合人群
6元	8分钟	防癌抗癌	男性

材料 莲藕400克，泡椒60克

调料 盐3克，糖20克，生姜30克

做 法

1. 莲藕洗净，去皮，切薄片；生姜洗净，切片备用。
2. 将藕片入开水中稍烫，捞出，沥干水分，放入容器，加生姜、泡椒、盐、糖搅拌均匀，腌渍好，装盘即可。

老陕菜

制作成本	制作时间	专家点评	适合人群
9元	15分钟	开胃消食	老年人

材料 花生米200克，莲藕150克，菠菜100克

调料 盐3克，生抽10克，醋15克，红油5克

做法

1. 将莲藕去皮，洗净，切成薄片；菠菜洗净，切去根。
2. 将花生米炸熟，莲藕、菠菜均入沸水中焯至熟后，捞出与花生米一起装盘。
3. 所有调料调匀，淋在莲藕、菠菜上即可。

橙汁浸莲藕

制作成本	制作时间	专家点评	适合人群
8元	15分钟	排毒瘦身	女性

材料 莲藕400克，橙汁300克，枸杞5克

调料 白糖适量

做法

1. 将莲藕去皮，洗净，切成薄片；枸杞泡发，待用。
2. 将藕片装入碗中，撒上枸杞，再淋上橙汁，撒上白糖即可。

爽口藕片

制作成本	制作时间	专家点评	适合人群
3.5元	8分钟	增强免疫力	男性

材料 莲藕120克

调料 青椒5克，红椒10克，盐3克，味精2克，香油10克，醋8克

做法

1. 莲藕洗净，去皮，切成片，放入开水中烫熟，捞出，沥干水分，装盘；青、红椒洗净，去籽，切成圆圈，放入水中焯一下。
2. 盐、味精、香油、醋调成味汁。
3. 将味汁淋在莲藕上拌匀，撒上青、红椒圈即可。

橙汁藕片

制作成本	制作时间	专家点评	适合人群
5.5元	10分钟	排毒瘦身	女性

材料 莲藕300克，橙汁100克

调料 糖20克

做法

1. 莲藕洗净，去皮，切薄片备用。
2. 将藕片放入开水中稍烫，捞出，沥干水分，放入容器。
3. 油锅加热，放入橙汁，加糖炒匀，待橙汁变浓时，倒在藕片上搅拌均匀，装盘即可。

凉拌莲藕

制作成本	制作时间	专家点评	适合人群
5元	12分钟	开胃消食	女性

材料 莲藕300克，红辣椒、葱各10克

调料 醋、果糖、麻油各10克

做法

1. 莲藕去皮、洗净，切成薄片，放入碗中加醋及少许水浸泡；红辣椒、葱分别洗净，切末。
2. 锅中倒适量水烧开，放入莲藕片煮熟，捞出、沥干，盛在盘中，待凉，加红辣椒末、葱末和麻油、果糖，搅拌均匀即可。

糯米莲藕

制作成本	制作时间	专家点评	适合人群
6.5元	25分钟	增强免疫力	儿童

材料 黑糯米50克，莲藕300克

调料 糖10克，蜂蜜20克，桂花少许

做法

1. 莲藕洗净，切去顶端；糯米洗净，用水浸泡；桂花洗净，剁碎末。
2. 将泡好的糯米灌入莲藕中，放入蒸锅内蒸熟后，取出切片，并放入盘中。
3. 用糖、蜂蜜加少量凉开水调成汁，浇在藕片上，撒上桂花即可。

香辣藕条

制作成本	制作时间	专家点评	适合人群
4元	15分钟	开胃消食	男性

材料 莲藕150克

调料 干红椒25克，水淀粉35克，盐、味精各4克，老抽10克，香菜5克

做法

1. 莲藕去皮，洗净，切成小段，放入开水中烫熟，裹上水淀粉；干红椒洗净，切成小段；香菜洗净。
2. 炒锅注油，将干红椒炒香后，捞起待用，放入莲藕炸香，入盐、老抽翻炒，再加入味精调味后，起锅装盘，撒上干红椒椒、香菜即可。

草莓甜藕

制作成本	制作时间	专家点评	适合人群
7元	10分钟	补血养颜	女性

材料 莲藕400克

调料 草莓酱60克

做法

1. 莲藕洗净，去皮，切薄片备用。
2. 将藕放入开水中，稍烫，捞出，沥干水分。
3. 将藕放入容器，淋上草莓酱搅拌均匀，装盘即可。

拌笋丝

制作成本	制作时间	专家点评	适合人群
4元	10分钟	降低血压	老年人

材料 莴笋200克，胡萝卜50克

调料 盐3克，味精2克，香油5克

做法

1. 莴笋、胡萝卜洗净，切成细丝备用。
2. 锅中注水，待水开后分别放入莴笋丝和胡萝卜丝焯烫，捞出沥水。
3. 摆入盘中，调入盐、味精、香油拌匀即可。

红椒香椿莴笋丝

制作成本	制作时间	专家点评	适合人群
5元	10分钟	增强免疫力	女性

材料 红椒5克，香椿芽50克，莴笋200克

调料 盐2克，味精1克，生抽8克，香油10克

做法

1. 香椿芽洗净；莴笋、红椒均洗净，切成丝。
2. 锅中加水烧开，放入油、盐、味精，将香椿芽、莴笋、红椒分别放入烫熟，沥干水分，将莴笋盛入盘底，上面放上香椿芽、红椒。
3. 淋上生抽、香油即可。

炝拌三丝

制作成本	制作时间	专家点评	适合人群
11元	15分钟	降低血压	老年人

材料 莴笋500克，黄瓜250克，红辣椒50克，葱花、姜末各5克

调料 花椒油25克，盐15克，醋10克

做 法

1. 将莴笋削去皮洗净，直刀切成细丝；黄瓜洗净，切丝；红辣椒洗净，也切成丝。
2. 将三种丝放入碗内，浇上花椒油，加入盐、醋、葱花、姜末拌匀。
3. 将拌匀的所有材料一起装入盘中即可。

麻辣莴笋

制作成本	制作时间	专家点评	适合人群
5元	10分钟	开胃消食	儿童

材料 莴笋 300 克，干辣椒 100 克

调料 盐、酱油各 3 克，味精 2 克，芝麻油 5 克，花椒 4 克

做 法

1. 莴笋去皮洗净切条；干辣椒去蒂、籽，切段。
2. 锅中加水烧开，下放莴笋条焯透捞出，放入碗内，加入盐、味精拌腌入味。
3. 用芝麻油将花椒用小火炸成深紫色时拣去花椒，再将干辣椒段炸成深紫色，烹入酱油，即成麻辣汁，将其倒入莴笋条内拌匀即成。

凉拌芦笋

制作成本	制作时间	专家点评	适合人群
6元	10分钟	防癌抗癌	男性

材料 芦笋300克，蒜、红椒各10克

调料 盐 3 克，鸡精 2 克，麻油 5 克，糖适量

做 法

1. 芦笋洗净切小段；红椒去蒂、籽，切小菱形片，蒜去皮洗净剁蓉。
2. 锅上火，注入适量清水，加少许油、盐、糖，待水沸，下芦笋焯熟，捞出放入冰水中浸约 2 分钟后，捞出沥干水分，盛入碗中。
3. 调入蒜蓉、盐、鸡精、麻油拌匀，装盘即可。

美味竹笋尖

制作成本	制作时间	专家点评	适合人群
5元	12分钟	排毒瘦身	女性

材料 竹笋尖200克，红椒适量

调料 盐3克，味精1克，醋6克，生抽10克，香油12克，香菜少许

做法

1. 竹笋尖洗净，切成斜段；红椒、香菜洗净，切丝。
2. 锅内注水烧沸，放入竹笋条、红椒丝焯熟后，捞起沥干并装入盘中。
3. 加入盐、味精、醋、生抽、香油拌匀后，撒上香菜即可。

凉拌天目山笋尖

制作成本	制作时间	专家点评	适合人群
8元	13分钟	增强免疫力	老年人

材料 天目山笋尖400克

调料 盐3克，味精1克，醋8克，生抽10克，红油12克，红椒少许

做法

1. 笋尖洗净，切丝；红椒洗净，切丝，用沸水焯熟。
2. 锅内注水烧沸，放入笋丝焯熟后，捞出沥干，装入盘中。
3. 向盘中加入盐、味精、醋、生抽、红油拌匀后，撒上红椒丝即可。

笋干万年青

制作成本	制作时间	专家点评	适合人群
6元	12分钟	养心润肺	老年人

材料 笋干30克，万年青200克

调料 红椒20克，盐3克，味精2克，芝麻油适量

做法

1. 万年青洗净，下入沸水中烫熟后，捞出切碎。
2. 笋干泡发，洗净，切段；红椒洗净，切圈。
3. 将万年青、笋干、红椒圈装盘，加盐、味精、芝麻油拌匀即可。

凉拌竹笋尖

制作成本	制作时间	专家点评	适合人群
6元	10分钟	排毒瘦身	女性

材料 竹笋350克，红椒20克

调料 盐、味精各3克，醋10克

做法

1 竹笋去皮，洗净，切片，入开水锅中焯水后，捞出，沥干水分装盘。
2 红椒洗净，切细丝。
3 将红椒丝、醋、盐、味精加入笋片中，拌匀即可。

麻辣冬笋

制作成本	制作时间	专家点评	适合人群
5.5元	9分钟	防癌抗癌	老年人

材料 冬笋300克

调料 辣油5克，芝麻酱3克，盐2克，味精1克，芝麻油、豆油各适量

做法

1 冬笋去壳、皮和梗洗净，切成长条块。
2 锅中加豆油烧热，放入冬笋块炸1分钟，倒入漏勺中沥油。
3 锅中加入辣油、芝麻酱、盐和清水，至汤汁浓稠时加味精，淋芝麻油，起锅浇在冬笋上拌匀即成。

红油竹笋

制作成本	制作时间	专家点评	适合人群
5元	8分钟	增强免疫力	儿童

材料 竹笋300克

调料 盐5克，味精3克，红油10克

做法

1 竹笋洗净后，切成滚刀斜块。
2 再将切好的笋块入沸水中稍焯后，捞出，盛入盘内。
3 淋入红油，加入所有的调味料一起拌匀即可。

鲍汁扒笋尖

制作成本	制作时间	专家点评	适合人群
19元	130分钟	开胃消食	女性

材料 笋尖300克，鸡、龙骨各100克，鸡油20克，赤肉80克，鲍鱼汁、火腿各50克

调料 盐5克，味精3克，鸡粉8克，香油2克，糖4克

做法

1. 将鸡、火腿、鸡油、赤肉、龙骨放入锅内加上开水，用慢火熬2小时，熬成高汤。
2. 将笋尖切好，放入锅中焯水，装盘，再淋上鲍鱼汁。
3. 再调入其余的调味料，拌匀即可。

浏阳脆笋

制作成本	制作时间	专家点评	适合人群
8元	12分钟	开胃消食	女性

材料 干竹笋300克

调料 盐3克，味精1克，醋6克，生抽8克，红椒少许，芹菜梗适量

做法

1. 干竹笋洗净，泡发至回软，切成小段备用；红椒洗净，切丝；芹菜梗洗净，切段。
2. 锅内注水烧沸，放入竹笋、红椒、芹菜梗焯熟后，捞起沥干，将竹笋放入盘中。
3. 加入盐、味精、醋、生抽拌匀，撒上芹菜梗、红椒即可。

腌黄瓜条

制作成本	制作时间	专家点评	适合人群
4.5元	10分钟	降低血糖	老年人

材料 黄瓜400克，红椒圈15克

调料 盐、味精各3克，醋、香油各15克

做 法

1. 黄瓜洗净，切长条，入沸水锅中焯水后捞出。
2. 将盐、味精、醋、香油加适量水调成味汁。
3. 投入黄瓜条、红椒圈腌渍后，捞出装盘即可。

糖醋黄瓜

制作成本	制作时间	专家点评	适合人群
5.5元	6分钟	降低血糖	老年人

材料 荷兰黄瓜500克

调料 上海米醋、砂糖各50克，盐5克

做 法

1. 将黄瓜洗净，切片，装盘备用。
2. 调入盐将黄瓜腌渍入味。
3. 加入砂糖、米醋拌匀即可食用。

面酱黄瓜

制作成本	制作时间	专家点评	适合人群
10元	40分钟	排毒瘦身	女性

材料 特制小黄瓜600克，自制甜面酱200克

调料 白糖、桂林辣酱、盐、味精各适量

做 法

1. 甜面酱加入桂林辣酱、盐、味精等烧制好待用。
2. 黄瓜用冰水浸泡半小时后取出洗净摆盘。
3. 食用时可蘸甜面酱，也可蘸白糖，根据个人爱好自由选择。

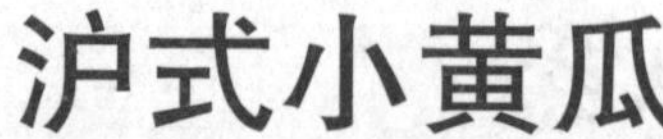

沪式小黄瓜

制作成本	制作时间	专家点评	适合人群
6.5元	6分钟	提神健脑	男性

材料 小黄瓜500克，红辣椒10克

调料 糖、盐、味精各5克，香油20克，蒜头15克

做法

1. 小黄瓜洗净，切成小块，装盘待用。
2. 蒜头去皮洗净剁成蒜蓉，红辣椒洗净切末。
3. 将蒜蓉与红辣椒末、糖、盐、味精、香油一起拌匀，浇在黄瓜上，再拌匀即可。

黄瓜胡萝卜泡菜

制作成本	制作时间	专家点评	适合人群
6元	5分钟	开胃消食	男性

材料 胡萝卜、黄瓜各150克

调料 盐、味精、醋、泡椒各适量

做法

1. 用盐、味精、醋、泡椒加适量清水调成泡菜汁。
2. 胡萝卜、黄瓜均洗净，切长条，置泡菜汁中浸泡1天。
3. 捞出摆入盘中即可。

凉拌青瓜

制作成本	制作时间	专家点评	适合人群
7元	7分钟	排毒瘦身	女性

材料 青瓜500克，蒜蓉10克，红椒10克

调料 盐、味精、鸡精各2克，糖1克，生抽3克，陈醋、辣椒油、麻油各5克，花生油10克

做法

1. 将青瓜洗净，切开去除瓜籽，再切成滚刀块状；红椒切成长细丝。
2. 将青瓜块、蒜蓉和红椒丝盛入碗内，加入所有调味料一起拌匀。
3. 拌匀后盛入盘内即可。

泡黄瓜

制作成本	制作时间	专家点评	适合人群
4元	130分钟	开胃消食	女性

材料 黄瓜300克，蒜10克，姜5克

调料 盐2克，味精、糖各适量

做法

1. 用水将黄瓜洗净，然后切成段，蒜切蓉，姜切末。
2. 将黄瓜段用盐腌2小时，直至入味。
3. 已腌入味的黄瓜段各划开一刀，将切好的原材料、调味料调成糊状，加入黄瓜缝中即可。

葱丝黄瓜

制作成本	制作时间	专家点评	适合人群
4.5元	5分钟	增强免疫力	女性

材料 黄瓜250克，大葱50克，红椒8克

调料 香菜、干红椒各8克，盐、味精各5克，老抽、香油各10克

做法

1. 黄瓜洗净，切薄片，入水烫熟；干红椒洗净，切段；大葱、红椒洗净，切丝，入水焯一下；香菜洗净。
2. 盐、味精、老抽、香油调匀，淋在黄瓜上。
3. 将大葱、红椒、干红椒、香菜撒在黄瓜上即可。

橙汁马蹄

制作成本	制作时间	专家点评	适合人群
7元	12分钟	补血养颜	女性

材料 马蹄400克，橙汁100克

调料 糖30克，水淀粉25克

做法

1. 马蹄洗净，去皮切块，入沸水中煮熟，捞出沥干水分备用。
2. 橙汁加热，加糖，最后以水淀粉勾芡成汁。
3. 将加工好的橙汁淋在马蹄上，腌渍入味即可。

椰仁马蹄

制作成本	制作时间	专家点评	适合人群
6.5元	70分钟	增强免疫力	儿童

材料 鲜马蹄肉200克，鲜椰子肉10克

调料 牛奶150克，白砂糖50克

做法

1. 将椰肉罐头打开倒出糖水，与牛奶调匀备用，椰肉切成薄片。
2. 将鲜马蹄洗净过沸水5分钟，捞出沥干水分装盘。
3. 将做好的材料放入牛奶糖水中冰镇1小时，撒上椰肉即可。

凉拌马蹄

制作成本	制作时间	专家点评	适合人群
6元	10分钟	开胃消食	女性

材料 马蹄500克

调料 盐15克，白糖5克，味精、香油各适量

做法

1. 将马蹄洗净，削去外皮，切成薄片，放入小盆内。
2. 马蹄上撒入盐腌渍30分钟，沥干水分。
3. 上桌时，马蹄片内加白糖、味精、香油拌匀即可。

返沙马蹄百合

制作成本	制作时间	专家点评	适合人群
8元	22分钟	开胃消食	老年人

材料 马蹄200克，百合100克

调料 白砂糖5克，黑芝麻2克，柠檬片10克

做法

1. 百合洗净，切片；马蹄去皮、去蒂后洗净。
2. 将锅上火，注入适量清水，放少许白砂糖，水沸后，下百合、马蹄煮熟，捞出，沥干水分。
3. 锅上火，放入少许水，加入白砂糖和2片柠檬片，小火熬干水分，至起泡泡时，倒入焯熟的马蹄和百合，加入少许黑芝麻拌匀，装盘即可。

巧拌木瓜丝

制作成本	制作时间	专家点评	适合人群
5元	6分钟	排毒瘦身	女性

材料 青木瓜400克，甜椒30克

调料 盐3克，糖20克

做法

1. 青木瓜去皮，取肉切成细丝；甜椒洗净备用。
2. 将木瓜丝、甜椒放入开水稍烫，捞出，沥干水分；甜椒切成细末，与木瓜丝一起放入容器。
3. 在木瓜丝上加盐、糖搅拌均匀，装盘即可。

柠檬冬瓜

制作成本	制作时间	专家点评	适合人群
6元	12分钟	排毒瘦身	女性

材料 冬瓜500克，柠檬50克，彩椒、姜各适量

调料 盐1克，白砂糖20克，柠檬汁、味精少许

做法

1. 冬瓜去皮去瓤洗净切条，柠檬洗净切片，彩椒去蒂切丝。
2. 锅上火，加适量清水，放入2片柠檬、适量盐、少许味精，待水沸，再煮约2分钟后，下切好的冬瓜条、彩椒丝，焯一下，捞出沥干水分，装入碗中。
3. 调入柠檬汁、白砂糖、少许盐，拌匀即可。

橙片瓜条

制作成本	制作时间	专家点评	适合人群
5元	7分钟	开胃消食	男性

材料 冬瓜400克，橙子50克，红樱桃适量

调料 盐3克，柠檬汁20克，冰糖10克，香油适量

做法

1. 将冬瓜去皮、籽，洗净，切成粗条；橙子洗净，连皮切成薄片，备用。
2. 锅中加水烧沸，下入冬瓜条焯至成熟，再捞出沥水备用。
3. 将冬瓜条、橙子片倒入碗中，调入盐、冰糖、柠檬汁、香油拌匀，点缀红樱桃，入冰箱冷藏10分钟，取出即成。

爽口瓜条

制作成本	制作时间	专家点评	适合人群
2.5元	65分钟	养心润肺	老年人

材料 冬瓜 150 克

调料 白糖 5 克，醋 10 克，橙汁 25 克，蜂蜜 8 克

做法

1. 冬瓜洗净，剖开，去瓤，切成小段，放入水中焯一下。
2. 白糖、醋、橙汁拌匀，盛入盘中，放入冬瓜腌 1 小时，捞出，沥干水分，装盘。
3. 蜂蜜加温水调匀，淋在冬瓜上即可。

橙汁山药

制作成本	制作时间	专家点评	适合人群
8元	20分钟	防癌抗癌	女性

材料 山药 500 克，橙汁 100 克，枸杞 8 克

调料 糖 30 克，淀粉 25 克

做法

1. 山药洗净，去皮，切条，入沸水中煮熟，捞出，沥干水分；枸杞稍泡备用。
2. 橙汁加热，加糖，最后用水淀粉勾芡成汁。
3. 将加工的橙汁淋在山药上，腌渍入味，放上枸杞即可。

冰脆山药片

制作成本	制作时间	专家点评	适合人群
6元	12分钟	降低血脂	老年人

材料 山药 400 克

调料 白糖 10 克

做 法

1 山药去皮洗净，切成片。

2 锅内注水，旺火烧开后，将山药片放入开水中焯一下，捞出排入盘中。

3 撒上白糖，放入冰箱中冰镇后取出即可。

桂花山药

制作成本	制作时间	专家点评	适合人群
5元	15分钟	养心润肺	女性

材料 桂花酱 50 克，山药 250 克

调料 白糖 50 克

做 法

1 山药去皮，洗净，切片，入开水锅中焯水后，捞出沥干。

2 锅上火，放清水，下白糖、桂花酱烧开至成浓稠状味汁。

3 味汁浇在山药片上即可。

冰镇西红柿

制作成本	制作时间	专家点评	适合人群
4元	125分钟	降低血糖	老年人

材料 西红柿 250 克

调料 白糖 20 克

做法

1. 西红柿切成小块装盘，放入冰箱 1~2 小时待用。
2. 食用时，从冰箱里取出后，撒上少许白糖，即成一道解酒、养颜小菜。

薄切西红柿

制作成本	制作时间	专家点评	适合人群
6元	6分钟	补血养颜	女性

材料 西红柿 400 克，生菜 30 克

调料 糖 30 克

做法

1. 西红柿洗净；生菜洗净，放盘中备用。
2. 将西红柿放入开水中稍烫一下，捞出，去皮，切片。
3. 将切好的西红柿放在生菜上，糖装入小碟供蘸食。

蜜制圣女果

制作成本	制作时间	专家点评	适合人群
5.5元	8分钟	补血养颜	女性

材料 圣女果500克

调料 蜂蜜、白糖各适量

做法

1. 圣女果洗净，去皮，入开水锅中焯水后捞出，沥干水分。
2. 将圣女果放入蜂蜜中拌匀后取出摆盘。
3. 撒上白糖即可。

麻酱拌茄子

制作成本	制作时间	专家点评	适合人群
6元	18分钟	降低血压	老年人

材料 嫩茄子500克，芝麻酱15克，大蒜5克

调料 盐5克，香油10克，米醋4克，味精少许

做法

1. 将茄子洗净，削去皮，切成小方条，撒上一点盐，浸在凉水中，泡去茄褐色。
2. 芝麻酱放小碗内，先放少许凉开水搅拌，边搅拌，边徐徐加入凉开水，搅拌成稀糊状。
3. 将茄子放碗内入蒸锅蒸熟，取出凉凉，再加入盐、味精、蒜泥、香油、芝麻酱、米醋，拌匀即可。

凉拌茄子

制作成本	制作时间	专家点评	适合人群
5元	13分钟	开胃消食	女性

材料 茄子350克，红椒10克，葱、蒜各15克

调料 盐4克，味精、白糖、醋、辣椒油各适量

做法

1. 将茄子、红椒洗净后，放入清水锅中煮熟，葱、蒜切成细末，红椒切成细丝备用。
2. 将煮熟的茄子放入碗中，用筷子扒开成竖条。
3. 锅中油烧热后，加入辣椒油，熬成红油，装入碗中，调入盐、味精、醋、白糖、葱末、姜末，制成调味汁，淋于茄子上即可。

酱油捞茄

制作成本	制作时间	专家点评	适合人群
5元	10分钟	开胃消食	男性

材料 茄子300克，葱3克，蒜5克，红椒10克

调料 食油500克，盐2克，鸡精粉10克，酱油5克，麻油少许

做法

1. 茄子去蒂托洗净，先切段，再切块，葱洗净切花，蒜去皮切蓉，红椒切丝。
2. 锅上火，注入油，油温60℃~70℃，放入茄子炸约2分钟，捞出控油，盛入碗内，撒上红椒丝。
3. 调入盐、鸡精粉、麻油、酱油、蒜蓉、葱花，搅拌均匀即可。

凤尾拌茄子

制作成本	制作时间	专家点评	适合人群
5.5元	15分钟	防癌抗癌	老年人

材料 茄子300克，莴笋叶50克

调料 盐3克，味精1克，醋8克，生抽10克，干辣椒少许

做法

1. 茄子洗净，切条；莴笋叶洗净，用沸水焯过后，摆入盘中；干辣椒洗净，切斜圈。
2. 锅内注油烧热，下干辣椒，再放入茄子条炸至熟，捞起沥干，并放入摆有莴笋叶的盘中。
3. 用盐、味精、醋、生抽调成汤汁，浇在茄子上即可。

巧拌滑子菇

制作成本	制作时间	专家点评	适合人群
8元	10分钟	保肝护肾	男性

材料 滑子菇400克，紫包菜50克，甜椒30克

调料 盐4克，味精2克，香油、香菜叶各适量

做法

1. 滑子菇、香菜叶洗净；紫包菜洗净切丝；甜椒洗净切花。
2. 滑子菇、紫包菜、甜椒入沸水中焯熟，沥干水分后装盘。
3. 盘里加盐、味精、香油搅拌均匀，撒上香菜叶即可。

茶树菇拌蒜薹

制作成本	制作时间	专家点评	适合人群
9元	10分钟	防癌抗癌	男性

材料 茶树菇300克，蒜薹200克，芹菜80克，甜椒30克

调料 盐4克，酱油8克，芝麻油适量

做法

1. 茶树菇洗净备用；蒜薹洗净，切段；芹菜洗净，切段；甜椒去蒂洗净，切丝。将所有原材料分别入水中焯熟后，捞出沥干。
2. 将所有材料放入容器，加盐、酱油、芝麻油搅拌均匀，装盘即可。

泡椒鲜香菇

制作成本	制作时间	专家点评	适合人群
11元	13分钟	增强免疫力	男性

材料 鲜香菇600克

调料 泡椒水80克，盐4克，味精2克，酱油8克，芝麻油适量

做 法

1. 鲜香菇洗净，撕大片，入开水中煮熟，捞出，沥干水分，放入容器中备用。
2. 将泡椒水放入容器里，加盐、味精、酱油、芝麻油搅拌均匀。
3. 待香菇腌好后，装盘即可。

口蘑拌花生

制作成本	制作时间	专家点评	适合人群
8元	10分钟	提神健脑	儿童

材料 口蘑50克，花生250克

调料 青、红椒5克，盐3克，味精8克，生抽10克

做 法

1. 口蘑洗净，切块，入水中焯熟后，捞出沥干装盘。
2. 热锅下油，入花生米炸至酥脆，捞出控油装盘。
3. 将盐、味精、生抽调匀，淋在口蘑、花生上，撒上青、红椒拌匀即可。

尖椒拌口蘑

制作成本	制作时间	专家点评	适合人群
9元	10分钟	降低血压	老年人

材料 口蘑200克，青、红尖椒各30克

调料 香油20克，精盐5克，味精3克

做 法

1. 口蘑洗净，切片；青、红尖椒均去蒂洗净，切片；将切好的所有原材料入水中焯熟。
2. 将口蘑和尖椒、香油、精盐、味精一起装盘，拌匀即可。

酸辣北风菌

制作成本	制作时间	专家点评	适合人群
8元	12分钟	防癌抗癌	老年人

材料 北风菌300克，青、红椒各10克，蒜、葱、姜各5克

调料 盐、鸡精各2克，辣椒油10克，香油5克，花椒10克

做法

1. 北风菌洗净，姜切末，蒜去皮切末，辣椒去蒂托、籽，切细丁，葱洗净分别切段和末备用。
2. 锅上火，加适量清水，放入姜、葱段、盐、鸡精，水烧沸后下北风菌及辣椒丁焯熟，捞出冲凉水，沥干水分后，盛入碗里。
3. 碗内调入辣椒油、香油、蒜末、葱末、盐、鸡精、花椒拌匀，装盘即可食用。

油吃花菇

制作成本	制作时间	专家点评	适合人群
7元	10分钟	开胃消食	女性

材料 花菇200克，干椒15克，姜3克

调料 盐、红油各5克，味精3克

做法

1. 花菇入水中泡开后，切成两半；干椒剪成小段；姜去皮，切片。
2. 锅上火，加油烧热，下入姜片、干椒炒香后，加入花菇一起炒匀。
3. 将花菇盛入盘内，淋入红油，加入盐、味精一起拌匀即可。

油辣鸡腿菇

制作成本	制作时间	专家点评	适合人群
9元	10分钟	降低血糖	男性

材料 鸡腿菇350克

调料 香葱、干辣椒、红椒、大蒜、盐、味精各适量

做法

1. 将鸡腿菇洗净，改刀，入水中焯熟；红椒洗净，切丝；大蒜去皮，剁成蓉。
2. 锅中加油烧热，下干辣椒、香葱、红椒丝，加盐、味精，炒匀，连同热油一起浇在鸡腿菇上即可。

巧拌三丝

制作成本	制作时间	专家点评	适合人群
7元	12分钟	降低血压	老年人

材料 金针菇150克，莴笋50克，青椒2个，红椒2个

调料 盐、香油各适量

做法

1. 金针菇洗净备用；莴笋去皮洗净，切丝；青椒、红椒均去蒂洗净，切丝。将切好的原材料入水中焯熟。
2. 将盐和香油搅拌均匀淋在金针菇上，莴笋丝、青椒丝、红椒丝撒在旁边作装饰即可。

1

2

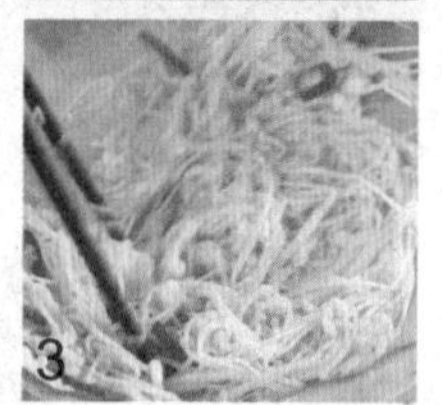

3

椒葱拌金针菇

制作成本	制作时间	专家点评	适合人群
8元	8分钟	保肝护肾	老年人

材料 金针菇300克，红椒20克，葱丝10克

调料 盐5克，香油少许，醋10克，味精少许

做法

1. 金针菇洗净；红椒洗净，切成丝状。
2. 将金针菇放入沸水中烫至断生，捞出，凉凉沥干，盛盘。
3. 盘中加入红椒丝、葱丝、盐、香油、醋、味精，拌匀即可。

芥油金针菇

制作成本	制作时间	专家点评	适合人群
8元	10分钟	降低血脂	老年人

材料 金针菇200克，红椒35克，芥末粉15克

调料 盐3克，味精5克，花椒油、香油、老抽各8毫，芹菜少许

做法

1. 金针菇用清水泡半小时，洗净，放入开水中焯熟；红椒、芹菜洗净，切丝，放入水中焯一下。
2. 金针菇、红椒、芹菜装入盘中。
3. 将芥末粉加盐、味精、花椒油、香油、老抽和温开水，搅匀成糊状，待飘出香味时，淋在盘中即可。

1

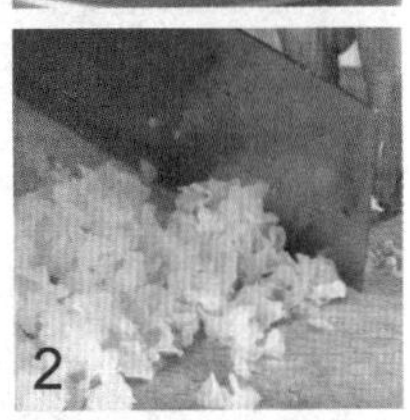
2

3

葱白拌双耳

制作成本	制作时间	专家点评	适合人群
6元	20分钟	防癌抗癌	男性

材料 水发黑木耳100克，水发银耳150克，葱白50克

调料 花生油50克，盐5克，味精2克，白糖1克

做 法

1. 将炒锅置火上，放入花生油，烧热，把切成小段的葱白投入，改用小火，用手勺不断翻炒，待其色变深黄后，连油盛在小碗内，冷却后即成葱油。
2. 将黑木耳和银耳放在一起，用开水烫泡一下后，捞出，切成小块。
3. 装入盘内，加入盐、白糖、味精拌匀，再倒入葱油，拌匀即成。

风味袖珍菇

制作成本	制作时间	专家点评	适合人群
6元	15分钟	防癌抗癌	男性

材料 袖珍菇200克

调料 盐、味精各3克，酱油、香油各适量

做 法

1. 袖珍菇洗净备用。
2. 锅入水烧开，放入袖珍菇焯水后，捞出沥干水分，装盘。
3. 调入盐、味精拌匀，淋上酱油、香油稍拌即可。

酸辣木耳

制作成本	制作时间	专家点评	适合人群
4元	10分钟	开胃消食	女性

材料 水发黑木耳200克

调料 青椒、红椒、香菜、盐、醋、辣椒油、姜、蒜各适量

做法

1. 将黑木耳泡发后，洗净，撕成小朵，再下入沸水中焯至熟后，装盘。
2. 将青椒、红椒洗净，切菱形片；香菜洗净，切段；姜、蒜均去皮，切末。
3. 将青椒、红椒、香菜、姜、蒜末和盐、醋、辣椒油一起拌匀，淋在木耳上即可。

陈醋木耳

制作成本	制作时间	专家点评	适合人群
7元	10分钟	排毒瘦身	女性

材料 木耳400克，陈醋40克，鲜花瓣少许

调料 盐4克，味精2克，糖、料酒各20克

做法

1. 木耳用温水泡发，择净根部，放入开水中稍烫，捞出，沥干水分备用；鲜花瓣洗净，稍烫。
2. 用盐、味精、糖、陈醋、料酒调制成味汁。
3. 将木耳、花瓣放入容器，倒入味汁，搅拌均匀，腌渍半小时，装盘即可。

蒜片野生木耳

制作成本	制作时间	专家点评	适合人群
6元	12分钟	防癌抗癌	老年人

材料 蒜30克，野生木耳200克，香菜20克

调料 红辣椒30克，香油10克，盐3克，味精3克

做 法

1. 野生木耳洗净，用温水泡发，切碎，放开水中焯熟，捞起沥干水，装盘凉凉。
2. 蒜去皮，切成片；红辣椒洗净，切小片；香菜洗净，切碎。
3. 锅烧热下油，放红辣椒、蒜片、香菜，炝香，盛出后与其他调味料拌匀，淋在木耳上即可。

洋葱拌东北木耳

制作成本	制作时间	专家点评	适合人群
5.5元	12分钟	降低血脂	老年人

材料 洋葱50克，东北黑木耳300克

调料 盐3克，味精1克，醋5克，生抽8克，红、青椒各适量

做 法

1. 洋葱洗净，切成小块，用沸水焯过后待用；青、红椒洗净，切片，用沸水焯过后待用。
2. 锅内注水烧沸，将黑木耳焯熟后，捞起放入盘中，再加入青椒片、红椒片、各种调料拌匀即可。

山椒双耳

制作成本	制作时间	专家点评	适合人群
7元	13分钟	保肝护肾	老年人

材料 水发黑木耳、水发银耳各80克，青、红椒各30克

调料 盐、味精各3克，香油、醋各适量

做 法

1. 木耳、银耳均洗净，焯水后捞出放碗中；青、红椒均洗净，切圈，焯水。
2. 将醋、香油加盐、味精，青、红椒拌匀，淋在双耳上即可。

木耳小菜

制作成本	制作时间	专家点评	适合人群
5元	11分钟	排毒瘦身	女性

材料 黑木耳100克，上海青200克

调料 盐3克，味精1克，醋6克，生抽10克，香油12克

做法

1. 黑木耳洗净泡发，上海青洗净。
2. 锅内注水烧沸，放入黑木耳、上海青焯熟后，捞起沥干并装入盘中。
3. 用盐、味精、醋，生抽、香油一起混合调成汤汁，浇在上面即可。

笋尖木耳

制作成本	制作时间	专家点评	适合人群
6元	11分钟	降低血压	老年人

材料 黑木耳250克，莴笋尖50克，红椒30克

调料 醋10克，香油10克，盐、味精各3克

做法

1. 将黑木耳洗净，泡发，切成大片，放入水中焯熟，捞起沥干水。
2. 莴笋尖去皮洗净，切薄片；红椒洗净切小块，一起放开水中焯至断生，捞起沥干水。
3. 把黑木耳、莴笋片、红椒与调味料一起装盘，拌匀即可。

凉拌红菜薹

制作成本	制作时间	专家点评	适合人群
4.5元	8分钟	开胃消食	女性

材料 红菜薹500克，蒜10克

调料 盐5克，味精3克，香油8克

做 法

①红菜薹剥去外皮，择去老叶后洗净，切成小段。

②锅加水烧沸，下入红菜薹段焯熟后，捞出，装入碗内。

③红菜薹内加入所有调味料一起拌匀即可。

红油海带花

制作成本	制作时间	专家点评	适合人群
5元	13分钟	开胃消食	儿童

材料 水发海带250克，紫包菜30克，香菜段10克

调料 盐、味精各3克，醋、辣椒油、香油各10克，熟芝麻适量

做 法

①海带洗净，切花片；紫包菜洗净，切丝，与海带分别入沸水锅焯水后捞出。

②将海带与紫包菜调入盐、味精、醋、辣椒油、香油拌匀，撒上熟芝麻和香菜段即可。

拌海白菜

制作成本	制作时间	专家点评	适合人群
6元	10分钟	养心润肺	老年人

材料 海白菜300克，剁辣椒20克

调料 盐5克，味精3克

做法

1. 将海白菜放入沸水中煮熟后，捞出。
2. 锅中加油烧热，下入剁辣椒炒香后盛出。
3. 将炒好的剁辣椒和所有调味料一起加入海白菜中拌匀即可。

拌海带丝

制作成本	制作时间	专家点评	适合人群
4元	10分钟	开胃消食	女性

材料 海带200克，葱10克，蒜5克，尖椒10克

调料 盐、味精各2克，香油5克

做法

1. 海带洗净，切丝；葱择洗净，切丝；蒜去皮，剁蓉；尖椒切细丝。
2. 锅中注适量水，待水开，放入海带丝稍焯，捞出沥水。
3. 摆盘，加入葱丝、蒜蓉、尖椒丝拌匀，再调入盐、味精，淋上香油即可。

爽口冰藻

制作成本	制作时间	专家点评	适合人群
7元	12分钟	提神健脑	女性

材料 冰藻200克，红椒10克

调料 盐3克，味精5克，蚝油、香油各8克

做 法

1. 将冰藻洗净，放入温水中泡发5~10分钟，待回软后，洗净杂质备用；红椒去籽，洗净，切丁。
2. 盐、味精、蚝油、香油调匀，制成味汁，与冰藻、红椒拌匀即可。

凉拌海草

制作成本	制作时间	专家点评	适合人群
8元	10分钟	防癌抗癌	老年人

材料 海草350克，红椒20克

调料 盐5克，香油5克，白醋适量

做 法

1. 将海草择去杂质，洗净泥沙；红椒洗净，切成细丝。
2. 锅中加水烧沸，下入海草、红椒焯烫至熟后，捞出盛盘。
3. 盐、香油、白醋调成味汁，淋在盘中，一起拌匀即可。

酸辣海藻

制作成本	制作时间	专家点评	适合人群
11元	12分钟	开胃消食	男性

材料 海藻300克，胡萝卜、黄瓜各100克

调料 葱花30克，蒜末20克，香油10克，醋20克，辣椒油10克，盐5克，味精3克

做 法

1. 海藻泡发洗净备用；胡萝卜洗净，切片；黄瓜洗净，切片；将所有原材料入水中焯熟，装盘。
2. 将各调味料调成味汁，均匀淋于盘中海藻上，点缀胡萝卜片、黄瓜片，再撒上葱花即可。

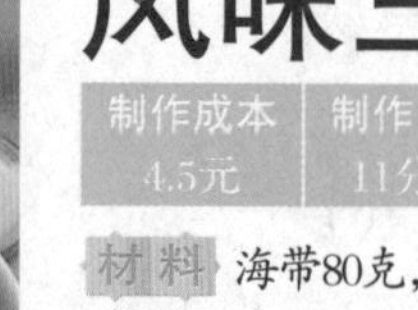

风味三丝

制作成本	制作时间	专家点评	适合人群
4.5元	11分钟	开胃消食	女性

材料 海带80克，胡萝卜50克，青椒、粉丝各适量

调料 盐、味精各3克，香油、香菜段各适量

做法

1. 海带、胡萝卜、青椒均洗净，切丝，入开水锅中焯水后，捞出沥干；粉丝用温水泡发。
2. 将海带、胡萝卜、青椒、粉丝加盐、味精、香油同拌。
3. 撒上香菜即可。

蒜香海带茎

制作成本	制作时间	专家点评	适合人群
6元	12分钟	开胃消食	男性

材料 红辣椒 20 克，海带茎 250 克，蒜 30 克

调料 葱白 30 克，香油 10 克，味精 3 克，盐 3 克

做法

1. 将海带茎洗净，用清水浸泡一会儿，切成齿状片，放开水中焯熟，捞起沥干水，装盘摆好。
2. 蒜去皮，切片；葱白洗净，切丝；红辣椒洗净，切成椒丝。
3. 锅烧热下油，把蒜片、葱丝、椒丝炝香，盛出和其他调味料一起拌匀，淋在焯熟的海带茎上即可。

爽口海带茎

制作成本	制作时间	专家点评	适合人群
5元	11分钟	排毒瘦身	女性

材料 水发海带茎200克，红椒4克

调料 盐、味精各4克，蚝油、生抽各8克，葱少许

做法

1. 水发海带茎洗净，切成小段，放入加盐的开水中焯熟。
2. 红椒洗净，切成圈；葱洗净，切成末。
3. 盐、味精、蚝油、生抽调匀，淋在水发海带茎上，撒上红椒圈、葱末即可。

拌海藻丝

制作成本	制作时间	专家点评	适合人群
8元	15分钟	排毒瘦身	女性

材料 海藻350克

调料 盐、味精各3克，香油、红椒圈各适量

做法

1 海藻洗净，切丝，与红椒圈同入开水锅中焯水后捞出。

2 调入盐、味精拌匀，再淋入香油即可。

芝麻海草

制作成本	制作时间	专家点评	适合人群
7元	10分钟	保肝护肾	男性

材料 海草300克，熟芝麻10克，青、红椒各15克

调料 盐3克，蚝油10克

做法

1 海草浸洗干净，除去根和沙石，放入开水中烫熟，沥干水分，盛盘。

2 青、红椒洗净，切丝，入水中焯一下；将海草、青红椒、盐、蚝油一起拌匀，撒上熟芝麻即可。

辣椒圈拌花生米

制作成本	制作时间	专家点评	适合人群
5元	12分钟	开胃消食	男性

材料 花生米100克，青、红椒各50克

调料 芥末、芥末油、香油各5克，盐3克，味精2克，白醋2克，熟芝麻5克

做法

1. 青、红椒均洗净，切圈，放入沸水锅中焯熟凉凉。
2. 花生米入沸水锅内焯水。
3. 将芥末、芥末油、香油、盐、味精、白醋、熟芝麻放入青、红椒圈和花生米中拌匀，装盘即可。

香干花生米

制作成本	制作时间	专家点评	适合人群
8元	12分钟	增强免疫力	老年人

材料 香干150克，花生米250克

调料 葱10克，盐3克，味精5克，生抽8克

做法

1. 香干洗净，切成小块，放入开水中烫熟；葱洗净，切成花。
2. 油锅烧热，放入花生米炸熟，加入香干，加盐、味精、生抽调味，盛盘。
3. 撒上葱花即可。

炝花生米

制作成本	制作时间	专家点评	适合人群
7元	18分钟	开胃消食	儿童

材料 花生米200克，芹菜丁50克，胡萝卜丁50克，生姜、大葱各少许

调料 盐、白糖各3克，花椒大料10克，生姜、大葱、香油各5克，味精2克，料油8克，苏打粉适量

做法

1. 花生米洗净，放入锅中煮熟。
2. 加入花椒大料、生姜、大葱、盐、味精、白糖、苏打粉，煮入味。
3. 将芹菜丁、胡萝卜丁氽熟，加调料拌匀即可。

杏仁花生

制作成本	制作时间	专家点评	适合人群
6元	1天	提神健脑	男性

材料 花生150克，杏仁露50克，胡萝卜10克，黄瓜10克

调料 香油5克，盐3克

做法

1. 花生去皮，在杏仁露中泡一天，取出盛碟。
2. 胡萝卜，黄瓜切丁。
3. 将盐、香油倒入花生中，搅匀，放上胡萝卜丁、黄瓜丁即可。

香糟毛豆

制作成本	制作时间	专家点评	适合人群
5元	14分钟	降低血压	老年人

材料 鲜毛豆节300克

调料 糟卤500克，盐15克，香叶2片，绍酒50克

做法

1. 鲜毛豆节剪去两端，放入开水中汆烫，捞出后再放入冷水中备用。
2. 糟卤、盐、香叶、绍酒放在一起调均匀。
3. 将毛豆节放入糟卤中，入冰柜冰2小时即可。

周庄咸菜毛豆

制作成本	制作时间	专家点评	适合人群
8元	12分钟	开胃消食	女性

材料 周庄阿婆咸菜300克，毛豆肉50克

调料 香油20克，盐3克，麻油适量

做法

1. 咸菜切成小段（2~3厘米）；毛豆肉氽水捞起，放入冷水中备用。
2. 取锅洗净烧热，加入香油炝锅，咸菜、盐入锅炒出香味，淋上麻油出锅。
3. 咸菜凉后加入毛豆肉，拌在一起即可。

泡黄豆

制作成本	制作时间	专家点评	适合人群
7元	135分钟	防癌抗癌	老年人

材料 黄豆200克，芝麻3克

调料 酱油200克，味精、糖各适量

做法

1. 锅上火，待锅热后，放入黄豆，干炒至熟。
2. 倒入酱油，直到淹没黄豆，稍煮片刻。
3. 连汤带豆取出，泡2小时后，装盘，调入味精、糖，撒上芝麻即可。

拌萝卜黄豆

制作成本	制作时间	专家点评	适合人群
6元	25分钟	降低血脂	老年人

材料 萝卜 300 克，黄豆 100 克

调料 盐 10 克，味精 3 克，香油 15 克

做 法

1. 将萝卜削去头、尾，洗净，切成 8 毫米见方的小丁，放入盘内。
2. 将萝卜丁和黄豆一起入沸水中焯烫后，捞出沥水。
3. 黄豆和萝卜丁加入盐、味精、香油，拌匀即可。

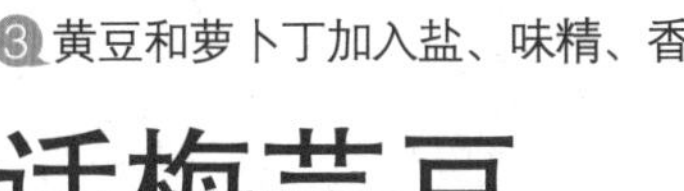

话梅芸豆

制作成本	制作时间	专家点评	适合人群
6元	80分钟	增强免疫力	女性

材料 芸豆 200 克，话梅适量

调料 冰糖适量

做 法

1. 芸豆洗净，入沸水锅煮熟后捞出。
2. 锅置火上，加入少量水，放入话梅和冰糖，熬至冰糖融化，倒出凉凉。
3. 将芸豆倒入冰糖水中，放冰箱冷藏 1 小时，待汤汁浸入后即可。

酒酿黄豆

制作成本	制作时间	专家点评	适合人群
5元	30分钟	养心润肺	老年人

材料 黄豆 200 克

调料 醪糟 100 克

做 法

1. 黄豆用水洗好，浸泡 8 小时后去皮，洗净，捞出待用。
2. 把洗好的黄豆放入碗中，倒入准备好的部分醪糟，放入蒸锅里蒸熟。
3. 在蒸熟的黄豆里点入一些新鲜的醪糟即可。

蔬菜豆皮卷

制作成本	制作时间	专家点评	适合人群
7元	12分钟	养心润肺	女性

材料 白菜、葱、黄瓜、西红柿各 80 克，豆腐皮 60 克

调料 盐、味精各 4 克，生抽 10 克

做法

1. 白菜洗净，切丝；葱洗净，切段；黄瓜洗净，去皮、去籽，切段；西红柿洗净，去籽，切段；豆腐皮洗净，入开水中焯烫。
2. 白菜、葱、黄瓜、西红柿入水中焯一下，晾干，调入盐、味精、生抽拌匀，放在豆皮上。
3. 将豆皮卷起，切成小段，装盘即可。

三丝豆皮卷

制作成本	制作时间	专家点评	适合人群
8元	10分钟	排毒瘦身	女性

材料 黄瓜丝、土豆丝、葱丝、香菜末、红椒丝各 60 克，豆腐皮适量

调料 盐、味精、香油各适量

做法

1. 将土豆丝、红椒丝分别入沸水中焯水后，土豆丝与黄瓜丝、葱丝、香菜末、调味料同拌。
2. 将拌好的材料分别用豆腐皮卷好装盘。
3. 撒上红椒丝即可。

春卷蘸酱

制作成本	制作时间	专家点评	适合人群
8元	6分钟	开胃消食	男性

材料 胡萝卜、黄瓜各300克，香菜100克，春卷皮适量

调料 盐、酱油、味精、醋各适量

做法

1. 胡萝卜、黄瓜洗净，切丝；香菜洗净切段；用酱油、盐、味精、醋调成味汁装碟。
2. 将备好的原材料，放在春卷皮上，卷成卷，蘸味汁食用即可。

麻油豆腐丝

制作成本	制作时间	专家点评	适合人群
6元	8分钟	开胃消食	老年人

材料 干豆腐500克，葱、蒜各5克

调料 盐、麻油各5克，味精3克

做法

1. 将干豆腐洗净，切成丝；葱洗净，切成葱花；蒜去皮，剁成蒜蓉。
2. 锅中加水烧开后，下入豆腐丝稍焯，捞出，装入碗内。
3. 再将蒜蓉、葱花和所有调味料一起加入豆腐丝中，拌匀装盘即可。

油菜叶拌豆丝

制作成本	制作时间	专家点评	适合人群
5元	10分钟	增强免疫	女性

材料 油菜叶、豆腐皮各100克

调料 盐3克，白糖3克，香油2克，味精少许

做法

1. 将豆腐皮洗净后切成长细丝。
2. 将油菜叶清洗干净，放沸水锅中烫熟即捞出，沥干水分。
3. 将豆腐丝放在油菜盘内，加入盐、白糖、香油、味精拌匀即可。

香辣豆腐皮

制作成本	制作时间	专家点评	适合人群
4.5元	8分钟	降低血脂	老年人

材料 红椒5克，豆腐皮150克，熟芝麻3克

调料 葱8克，盐3克，生抽、辣椒油各10克

做法

1. 将豆腐皮用清水泡软切块，入热水焯熟；葱洗净切末；红椒洗净切丝。
2. 将盐、生抽、辣椒油、熟芝麻拌匀，淋在豆腐皮上，撒上红椒丝、葱末即可。

红椒丝拌豆腐皮

制作成本	制作时间	专家点评	适合人群
4元	10分钟	降低血脂	老年人

材料 豆腐皮150克，香椿苗、红椒丝各30克

调料 盐、味精各3克，香油适量

做法

1. 豆腐皮洗净，切丝；香椿苗洗净。
2. 将豆腐皮丝、香椿苗、红椒丝分别入开水锅中焯烫后取出沥干。
3. 将备好的材料同拌，调入盐、味精、香油拌匀即可

炝拌云丝豆腐皮

制作成本	制作时间	专家点评	适合人群
8元	18分钟	开胃消食	女性

材料 云丝豆腐皮250克，芝麻、姜各5克

调料 盐2克，香油、辣椒粉各5克

做法

1. 锅上火，注水适量，水开后放入云丝豆腐皮，煮约10分钟至豆腐皮变软；姜洗净切末。
2. 取出豆腐皮，用凉开水冲洗，沥干水分。
3. 将切好的原材料、调味料搅拌成糊状，抹在豆腐皮上即可。

五香豆腐丝

制作成本	制作时间	专家点评	适合人群
4.5元	6分钟	防癌抗癌	男性

材料 豆腐丝150克，葱10克，香菜少许

调料 盐、味精、香油、醋、生抽各5克

做法

1. 豆腐丝洗净盛碟；葱洗净切丝，与豆腐丝拌匀。
2. 盐、味精、香油、醋、生抽调匀，再与豆腐丝搅拌。
3. 撒上香菜即可。

四喜豆腐

制作成本	制作时间	专家点评	适合人群
4.5元	18分钟	降低血脂	老年人

材料 豆腐500克，皮蛋50克，香菜、葱、蒜各30克

调料 香油10克，盐5克

做法

1. 豆腐洗净，下沸水中焯熟，沸水中下盐，使豆腐入味，捞起沥干水，凉凉切成四大块，装盘摆好。
2. 香菜洗净切碎，皮蛋剥去蛋壳切粒，蒜去皮剁成蓉，葱洗净切成葱花。
3. 分别把香菜、皮蛋、蒜蓉、葱花摆放在豆腐上，淋上香油即可。

一品豆花

制作成本	制作时间	专家点评	适合人群
5元	7分钟	降低血脂	老年人

材料 豆腐花400克，腌萝卜30克，皮蛋30克，红椒少许

调料 盐3克，味精1克，醋8克，老抽10克，葱少许

做法

1. 豆腐花用水焯过切块；腌萝卜、皮蛋、红椒洗净切丁；葱洗净切段。
2. 用盐、味精、醋、老抽调成汤汁，浇在豆花上，再撒上腌萝卜丁、皮蛋丁、红椒丁、葱段即可。

小葱拌豆腐

制作成本	制作时间	专家点评	适合人群
3.5元	8分钟	排毒瘦身	女性

材料 小葱50克，水豆腐150克

调料 生豆油 15 克，盐、味精各适量

做 法

1. 小葱摘洗干净，顶刀切成罗圈丝。
2. 水豆腐切成 1.5 厘米见方的丁，用开水烫一下，再加凉水透凉。
3. 豆腐丁控净水分，装在盘中，撒上盐、味精，再放上葱圈，浇上豆油即好。

拌神仙豆腐

制作成本	制作时间	专家点评	适合人群
5.5元	10分钟	增强免疫力	老年人

材料 神仙豆腐500克，剁辣椒20克，葱3克

调料 盐5克，味精3克

做 法

1. 将葱洗净后，切成葱花备用。
2. 锅内加水烧沸，下入神仙豆腐稍焯后，捞出，装入碗内。
3. 神仙豆腐内加入剁辣椒、葱花和所有调味料一起拌匀装盘即可。

鸡蓉拌豆腐

制作成本	制作时间	专家点评	适合人群
8.5元	6分钟	提神健脑	儿童

材料 熟鸡脯肉150克，豆腐100克，小香葱10克

调料 香油10克，盐、味精、白糖各少许

做 法

1. 将豆腐切成小粒放入沸水中烫一下，捞出沥水。
2. 将熟鸡脯肉剁碎成细末状，小香葱去掉根和老叶，洗净，切成葱花。
3. 将剁碎的鸡肉撒在豆腐上，撒上葱花，加入调味料拌匀即可。

凉拌豆腐

制作成本	制作时间	专家点评	适合人群
8元	12分钟	防癌抗癌	老年人

材料 内脂豆腐300克，皮蛋、咸蛋各60克，小葱5克，榨菜20克

调料 盐3克，鲜豆酱油、麻油各10克，辣油5克

做法

1. 将豆腐倒入八角碟中，直切八刀然后中间一刀向左右分开。
2. 皮蛋切碎，小葱切段，榨菜切粒，咸蛋取蛋黄切粒。
3. 将皮蛋粒、咸蛋粒、榨菜粒、盐、小葱段、酱油、麻油、辣酒拌匀放在豆腐上面即可。

香椿凉拌豆腐

制作成本	制作时间	专家点评	适合人群
4元	5分钟	增强免疫力	女性

材料 豆腐300克

调料 有机香椿酱适量

做法

1. 将豆腐取出，洗净，装盘备用。
2. 热锅下油，放入有机香椿酱炒出香味后盛出。
3. 将炒好的有机香椿酱淋在豆腐上即可。

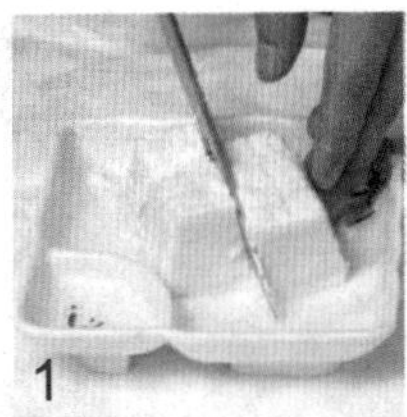
1

2

3

日式冷豆腐

制作成本	制作时间	专家点评	适合人群
5元	6分钟	防癌抗癌	老年人

材料 益民豆腐 250 克，木鱼花 15 克，姜、葱各 5 克

调料 酱油 10 克

做 法

1. 豆腐切成块，摆入盘中；葱择洗净切碎；姜切末。
2. 酱油倒在豆腐上。
3. 木鱼花夹在豆腐上，即可食用。

拌米豆腐

制作成本	制作时间	专家点评	适合人群
6.5元	分钟	增强免疫力	女性

材料 米豆腐 300 克，红油 20 克，葱 10 克，蒜 5 克

调料 盐 5 克，味精 3 克

做 法

1. 将米豆腐切成四方小块；葱洗净，切成葱花。
2. 锅中加水烧沸后，下入米豆腐块洗净，泡软，装入碗中。
3. 米豆腐中加入红油、葱花、蒜蓉和所有调味料一起拌匀即可。

富阳卤豆干

制作成本	制作时间	专家点评	适合人群
5.5元	30分钟	提神健脑	儿童

材料 豆干400克

调料 酱油15克，盐5克，白糖、香油各10克

做法

1. 豆干洗净，入开水锅中焯水后捞出备用。
2. 取净锅上火，加清水、盐、酱油、白糖，大火烧沸，下入豆干改小火卤约15分钟，至卤汁略稠浓时淋上香油，出锅，切片，装盘即成。

家常拌香干

制作成本	制作时间	专家点评	适合人群
3.5元	7分钟	防癌抗癌	老年人

材料 香干250克

调料 葱8克，辣椒油、老抽各10克，味精5克，盐3克

做法

1. 香干洗净，切成丝，放入开水中焯熟，沥干水分，装盘；葱洗净，切成末。
2. 盐、味精、老抽、辣椒油调匀，淋在香干上，拌匀。
3. 撒上葱花即可。

五香卤香干

制作成本	制作时间	专家点评	适合人群
6.5元	100分钟	提神健脑	儿童

材料 香干400克

调料 生姜丝、葱白段、生抽、盐、糖、辣椒粉、桂皮、茴香、花椒、八角各适量

做法

1. 生姜和葱白入油锅炸透后，放生抽、盐、糖、清水、辣椒粉烧沸，加桂皮、茴香、花椒、八角煮30分钟，制成卤水。
2. 香干冲洗一下，放入卤水中卤1小时，捞出切片即可。

菊花辣拌香干

制作成本	制作时间	专家点评	适合人群
4元	8分钟	排毒瘦身	女性

材料 菊花10克，香干80克

调料 干红椒、盐各3克，味精5克，生抽8克

做法

1. 香干洗净，切成小段，放入开水中焯熟，捞起，晾干水分；菊花洗净，撕成小片，放入水中焯一下，捞起；干红椒洗净，切丝。
2. 将味精、盐、生抽一起调成味汁。
3. 将味汁淋在香干、菊花上，拌匀，撒入干红椒即可。

馋嘴豆干

制作成本	制作时间	专家点评	适合人群
7元	10分钟	提神健脑	儿童

材料 豆干400克，甜椒、芹菜各50克

调料 盐4克，味精2克，酱油8克，香菜5克，香油适量

做法

1 豆干、甜椒洗净，切成丝；芹菜洗净，取茎切丝；香菜洗净，切段备用。

2 将备好的材料放入开水中稍烫，捞出，沥干水分。

3 将备好的材料放入容器，加盐、味精、酱油、香油搅拌均匀，装盘即可。

香干蒿菜

制作成本	制作时间	专家点评	适合人群
8.5元	18分钟	保肝护肾	男性

材料 香干350克，蒿菜250克

调料 姜、葱各10克，酱油、香油各8克，味精、盐各3克

做法

1 香干、蒿菜洗净，放入开水中焯熟后一起剁碎成泥，放入圆碗中；姜洗净，切成丝；葱洗净，切成碎末。

2 油锅烧热，放入姜、葱、酱油、味精、盐、香油爆香，起锅，倒入圆碗中，与香干、蒿菜一起搅拌均匀；将圆碗翻转，倒扣在盘中即可。

甘泉豆干

制作成本	制作时间	专家点评	适合人群
7元	8分钟	提神健脑	儿童

材料 绿豆干250克，红椒丝20克

调料 盐、味精各2克，香醋、红油、香油各10克

做法

1 绿豆干洗净，切细丝。

2 锅上火，加水烧开，放入豆干和红椒丝，焯熟，取出凉凉。

3 将凉凉的豆干和红椒丝装入碗中，加入调味料，拌匀即可。

四川青豆凉粉

制作成本	制作时间	专家点评	适合人群
6元	8分钟	开胃消食	儿童

材料 四川青豆凉粉200克，葱10克，黄豆20克

调料 盐4克，味精、糖各2克，醋、酱油各5克，红油8克，上汤100克

做法

1. 先将葱切葱花，凉粉切成大小相同的细段装盘备用。
2. 锅中放入少许上汤，调入盐、味精、糖、醋、酱油、红油搅成汁。
3. 用已调好的汁倒在凉粉上，再撒上葱花、黄豆拌匀即可。

麻辣川北凉粉

制作成本	制作时间	专家点评	适合人群
8元	16分钟	提神健脑	男性

材料 花生仁50克，凉粉300克，葱花5克

调料 老干妈豆豉、郫县豆瓣、蒜泥各15克，香辣酱10克，花椒面8克，味精2克，红油25克

做法

1. 花生仁放入油锅中炸香酥，捞出沥油备用。
2. 将凉粉切成5寸长的节，装入盘中。
3. 加入花生仁、葱花及所有调味料拌匀即可。

水晶凉粉

制作成本	制作时间	专家点评	适合人群
7元	10分钟	提神健脑	男性

材料 川北凉粉500克

调料 盐4克，味精2克，酱油8克，熟芝麻10克，葱花15克，豆豉25克，红油适量

做法

1. 川北凉粉洗净切条，入沸水中稍烫捞出。
2. 油锅烧热，放入豆豉、盐、味精、酱油、红油炒成调味汁。
3. 将调味汁淋在凉粉上，撒上熟芝麻、葱花即可。

玉米凉粉

制作成本	制作时间	专家点评	适合人群
6.5元	13分钟	防癌抗癌	老年人

材料 凉粉400克，玉米粒20克

调料 豆豉、葱花、红椒、红油、盐各适量

做法

1. 凉粉洗净切条，焯水后装盘；红椒洗净，切片。
2. 锅中加水烧沸，下玉米粒、红椒片焯熟后，捞出盖在凉粉上。锅中加油烧热，将豆豉、红椒炒香后，加盐、红油炒匀，淋在凉粉上，再撒上葱花即可。

酸辣蕨根粉

制作成本	制作时间	专家点评	适合人群
8.5元	18分钟	保肝护肾	男性

材料 蕨根粉 250 克，花生米 100 克

调料 葱 30 克，红辣椒 20 克，醋、香油、红油各 10 克，盐 5 克，味精 2 克

做法

1. 蕨根粉泡发洗净，入沸水中焯熟，再放入凉水中冷却，沥干装盘。
2. 红辣椒洗净切圈。锅烧热下油，下椒圈、葱花、拍碎的花生仁，盛出与其他调味料拌匀，淋在蕨根粉上即可。

菠菜粉丝

制作成本	制作时间	专家点评	适合人群
7元	8分钟	开胃消食	男性

材料 菠菜 400 克，粉丝 200 克，甜椒 30 克

调料 盐 4 克，味精 2 克，酱油 8 克，红油、香油各适量

做法

1. 菠菜洗净，去须根；甜椒洗净切丝；粉丝用温水泡发备用。
2. 将备好的材料放入开水中稍烫，捞出，菠菜切段。
3. 将所有的材料放入容器，加酱油、盐、味精、红油、香油拌匀，装盘即可。

一品凉粉

制作成本	制作时间	专家点评	适合人群
5元	10分钟	开胃消食	儿童

材料 凉粉300克

调料 盐3克，味精1克，醋5克，葱、红椒、香油各适量

做 法

1 凉粉洗净，切成长条；葱、红椒洗净，切段。

2 将凉粉条放入盘中，加入盐、味精、醋、香油拌匀。

3 撒上葱段、红椒段即可。

豆豉凉皮

制作成本	制作时间	专家点评	适合人群
6.5元	8分钟	降低血脂	老年人

材料 凉皮250克

调料 葱、老干妈豆豉各30克，盐、味精各5克，香油10克

做 法

1 凉皮用清水洗净，放开水中焯熟，捞起沥干水，凉凉装盘。

2 葱洗净，切成葱花，与凉皮一起装盘。

3 把其他调味料一起拌匀，淋于凉皮上即可。

凉拌蕨根粉

制作成本	制作时间	专家点评	适合人群
6元	10分钟	增强免疫力	儿童

材料 厥根粉300克，菠菜30克

调料 盐3克，味精1克，醋5克，老抽10克，红椒丝少许

做 法

1 厥根粉洗净；菠菜洗净，用沸水焯熟；红椒丝洗净，用沸水焯熟。

2 锅内注水烧沸，放入厥根粉焯熟后，捞起晾干装入盘中，再放入菠菜、红椒丝。

3 加入盐、味精、醋、老抽拌匀即可。

第三部分

凉拌荤菜

每一道凉菜，吃的不仅仅是食物本身，调味料才是美味所在。这一点在荤凉菜的制作中尤为重要。糖、香油、醋、盐、辣椒油等调味料赋予了每一道荤凉菜不同的味道。本章将为大家介绍凉拌荤菜的制作工艺，简单，易学，让您用最少的时间，就能学会凉拌荤菜的做法。

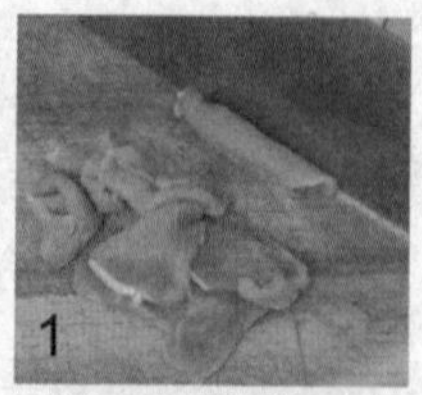
1

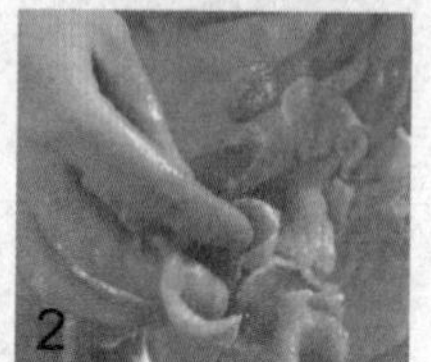
2

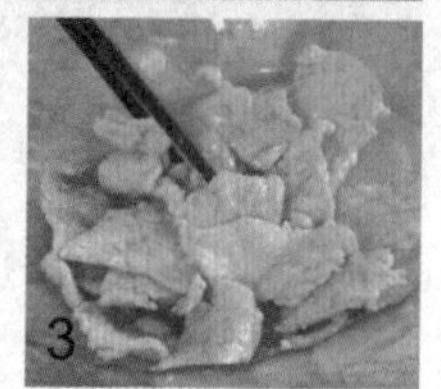
3

拌里脊肉片

制作成本	制作时间	专家点评	适合人群
9元	14分钟	增强免疫力	儿童

材料 猪里脊肉250克，鸡蛋70克，蒜泥、姜末各少许

调料 盐、酱油、醋、白砂糖、香油、湿淀粉、清汤各适量

做法

1. 里脊肉洗净沥水，切成柳叶片；鸡蛋取蛋清备用。
2. 将里脊肉用盐、鸡蛋清、湿淀粉上浆，5分钟后投入沸清汤中，烫至变色断生，捞出沥干水，放入盘中。
3. 将酱油、醋、白砂糖、蒜泥、香油、姜末和少许清汤调匀，浇在里脊肉片上拌匀即成。

蒜泥白肉

制作成本	制作时间	专家点评	适合人群
15元	18分钟	保肝护肾	男性

材料 猪臀肉500克，蒜泥25克

调料 酱油、辣油各20克，白糖2克，清汤、香醋各5克，盐、味精、白酒、姜各适量

做法

1. 猪臀肉洗净。
2. 锅上火，加入适量清水，放入少许白酒、姜，水沸后下猪臀肉，氽熟捞出，沥干，切成薄片，整齐地装入盘内。
3. 小碗内放入蒜泥、酱油、香醋、白糖、盐、味精、辣油、清汤，调匀后浇在白肉片上即成。

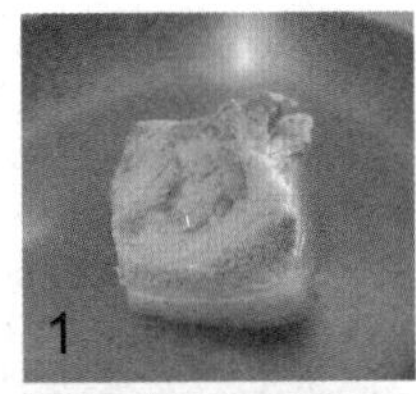
1

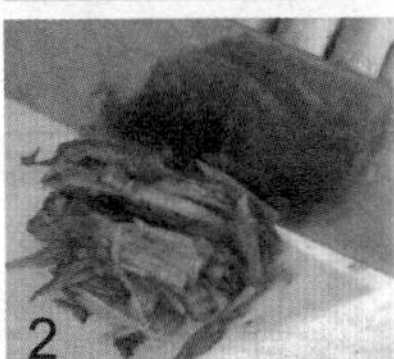
2

3

酸菜拌白肉

制作成本	制作时间	专家点评	适合人群
5.5元	16分钟	开胃消食	儿童

材料 酸菜、瘦猪肉各100克，大蒜10克

调料 盐5克，白糖6克，香油4克，味精少许

做法

1. 将瘦猪肉洗净，放入烧开的水内煮熟即捞出切成条。
2. 酸菜洗净，挤干水，切成1.5厘米长的细丝；将大蒜剥去外皮，冲洗一下，捣成蒜泥。
3. 将肉条和酸菜丝一同放入盘内，撒上盐腌5分钟，加入白糖、味精、香油和蒜泥拌匀即可。

猪肝拌豆芽

制作成本	制作时间	专家点评	适合人群
4.5元	14分钟	保肝护肾	男性

材料 新鲜猪肝、绿豆芽各100克，海米5克，鲜姜10克

调料 酱油、白糖各5克，盐、醋、淀粉各3克

做法

1. 猪肝洗净，切成薄片；绿豆芽择去根洗净备用；海米用开水泡软。
2. 锅中加入水、盐烧开，将猪肝和绿豆芽焯熟后捞出，装入盘内。
3. 将切好的猪肝片加入所有调味料腌渍入味，加入豆芽，撒上海米即可。

卤猪肝

制作成本	制作时间	专家点评	适合人群
13元	40分钟	保肝护肾	男性

材料 猪肝500克，绍酒、酱油各50克，姜5克

调料 冰糖70克，盐、桂皮、八角、丁香各适量

做法

1. 将猪肝洗净，用盐擦匀腌渍5分钟，随即放入沸水锅中氽烫片刻，取出沥水。
2. 将炒锅置于旺火上加热，倒入清水和所有调味料，捞出渣物，放入猪肝，用文火煮30分钟。
3. 将卤好的猪肝取出，自然冷却后即可切片装盘。

猪肝拌黄瓜

制作成本	制作时间	专家点评	适合人群
9元	10分钟	增强免疫力	儿童

材料 猪肝300克，黄瓜200克

调料 香菜20克，盐、酱油、醋、味精、香油各适量

做法

1. 黄瓜洗净，切小条；香菜择洗干净，切2厘米长的段。
2. 猪肝洗净切小片，放入开水中氽熟，捞出后冷却、控净水。
3. 将黄瓜摆在盘内垫底，放上猪肝，调入酱油、醋、盐、味精、香油，撒上香菜段，食用时拌匀即可。

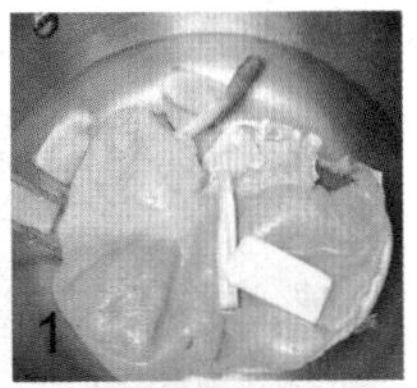

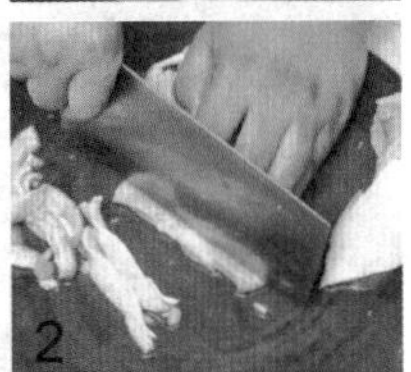

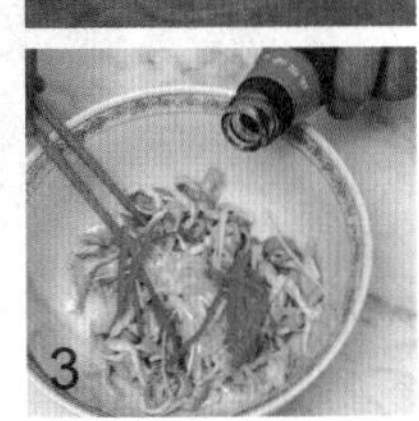

红油猪肚丝

制作成本	制作时间	专家点评	适合人群
26元	35分钟	开胃消食	女性

材料 猪肚500克，蒜蓉、姜丝各10克，葱白段5克，青、红椒各15克

调料 盐5克，鸡精2克，红油10克，料酒适量

做法

1. 锅上火，注入清水适量，加入姜丝、葱白段、料酒，水沸后放猪肚，煮熟捞出。
2. 凉凉猪肚，切丝，装碗。
3. 将装有猪肚丝的碗中调入盐、鸡精、青椒丝、红椒丝、红油、蒜蓉拌匀，装盘即可。

酸菜拌肚丝

制作成本	制作时间	专家点评	适合人群
15元	13分钟	增强免疫力	老年人

材料 熟猪肚300克，酸菜100克，青、红辣椒40克

调料 香菜10克，大葱、生姜、醋、香油各5克，盐3克，味精1克

做法

1. 将熟猪肚切丝，放入盘中。
2. 酸菜洗净，切丝，放入凉开水中稍泡，捞出，挤干水分，放入盘内。香菜、大葱、生姜、青红辣椒均洗净，切成细丝，放入盘中。
3. 将盐、醋、味精、香油倒入碗内，调成汁，浇在盘中的菜上，一起拌匀即可。

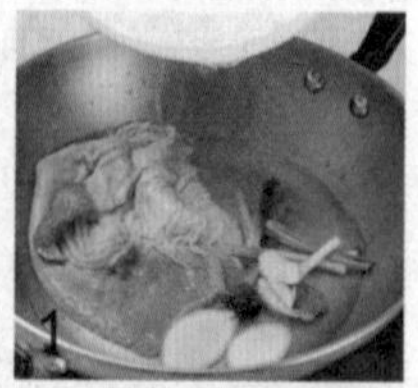

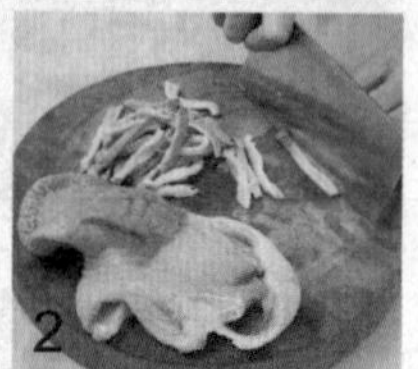

沙姜猪肚丝

制作成本	制作时间	专家点评	适合人群
11元	45分钟	开胃消食	女性

材料 猪肚250克，沙姜、葱段各10克，生姜末4克，蒜蓉3克

调料 橘皮、果皮各5克，草果、酱油、花雕酒、麻油、辣椒油各4克，花椒油少许，八角适量

做法

1. 锅上火，注适量水，加入果皮、八角、草果、花雕酒、橘皮、沙姜、葱段，待水沸，下入猪肚，煮沸后，转小火煲至猪肚熟，捞出。
2. 冲凉水洗净后，猪肚切成丝，将猪肚丝放入沸水焯约2分钟后，捞出沥干水分，装入碗里。
3. 调入生姜末、盐、酱油、蒜蓉、辣椒油、沙姜末、麻油、花椒油各少许，拌匀，装盘即可。

酱猪心

制作成本	制作时间	专家点评	适合人群
10元	50分钟	养心润肺	女性

材料 猪心500克，大葱、鲜姜、大蒜各3克

调料 酱油、盐、花椒、大料、红油各5克，桂皮3克，丁香2克

做法

1. 猪心洗净，去除心内淤血；锅中加清水烧沸，下入猪心，煮20分钟后捞出。
2. 把大葱、鲜姜、大蒜、花椒、大料、桂皮、丁香同装一洁净布袋内，扎紧，制成药袋，将煮好的猪心同药袋放入锅内，煮至猪心熟透。
3. 捞出猪心，将猪心切片拌上红油和葱花即可。

凉拌爽肚

制作成本	制作时间	专家点评	适合人群
22元	43分钟	增强免疫力	女性

材料 猪肚尖450克，红椒丝10克，青椒丝10克，香菜段10克

调料 麻油10克，盐、味精、鸡精各2克，花生油25克，生抽5克，胡椒少许

做法

1 先将猪肚尖洗净、切片，放入锅中用开水灼30分钟，灼至刚熟捞起，用布吸干水。

2 青、红椒丝用开水稍烫一下，捞起放入吸干水的猪肚中，再加入香菜段。

3 猪肚中加入所有调味料，搅匀，最后加入花生油拌匀，装碟即可。

香菜肺片

制作成本	制作时间	专家点评	适合人群
7元	18分钟	开胃消食	女性

材料 牛肺250克，熟花生米、香菜、熟芝麻各适量

调料 盐3克，味精1克，醋8克，老抽10克，红油15克

做法

1 牛肺洗净，切片；熟花生米捣碎；香菜洗净。

2 锅内注水烧沸，放入牛肺氽熟后，捞起晾干并装入盘中。

3 将盐、味精、醋、老抽、红油调成汁，浇在盘中，再撒上熟花生米、熟芝麻、香菜即可。

手工皮冻

制作成本	制作时间	专家点评	适合人群
5元	185分钟	补血养颜	女性

材料 猪皮150克

调料 水2500克，盐3克，生抽5克

做法

1. 先将猪皮清洗干净，用热水烫熟，再用小刀把猪皮上的毛、猪油去掉，切成长5厘米、宽1.5厘米的条。
2. 将清洗干净的猪皮条放入一个小罐，加清水，用温火焖2~3小时。
3. 待猪皮焖出稠丝，取出，放入盆内过滤，再放入冰箱，冷冻即可。

水晶猪皮

制作成本	制作时间	专家点评	适合人群
7元	190分钟	增强免疫力	儿童

材料 猪肉皮500克，葱10克，姜5克

调料 盐、老抽各5克，味精、芝麻、醋各3克

做法

1. 肉皮刮去残毛洗净，切成四方形小粒。
2. 将肉皮放入锅中，加水、盐、味精熬3小时至浓稠时，盛入碗中，放入冰箱急冻至凝固。
3. 取出皮冻，改刀成块状；所有调味料拌匀做蘸料。

大刀耳片

制作成本	制作时间	专家点评	适合人群
14元	25分钟	开胃消食	男性

材料 猪耳 300 克，黄瓜 50 克

调料 盐 3 克，味精 1 克，醋 8 克，生抽 10 克，红油 15 克，熟芝麻、葱各少许

做法

1. 猪耳洗净，切片；黄瓜洗净，切片，装入盘中；葱洗净，切花。
2. 锅内注水烧沸，放入猪耳片汆熟后，捞起沥干并放入装有黄瓜的盘中。
3. 用盐、味精、醋、生抽、红油调成汤汁，浇在猪耳片上，撒上熟芝麻、葱花即可。

拌耳丝

制作成本	制作时间	专家点评	适合人群
12元	28分钟	开胃消食	女性

材料 猪耳朵 250 克，香菜、葱段各 15 克，姜片 10 克

调料 生抽 10 克，醋、辣椒酱、料酒、白糖、红油各 5 克，盐 3 克

做法

1. 猪耳朵刮洗干净，放入沸水中汆去血水，捞出，再放沸水中煮熟后捞出，冷却后切丝。
2. 将所有调味料一起拌匀制成调味汁待用。
3. 将耳丝装入碗中，淋上调味汁拌匀即可。

千层猪耳

制作成本	制作时间	专家点评	适合人群
15元	22分钟	增强免疫力	女性

材料 猪耳朵350克，红辣椒5克

调料 葱白、生姜、八角、花椒、香叶各5克，酱油、料酒、白糖、味精各3克

做法

1 将猪耳治净，下入沸水锅中氽一下，捞出，沥干水分；将葱白、生姜、红辣椒均洗净，葱白、红辣椒切成段，生姜切成片。

2 油锅烧热，放入花椒、八角、葱白段、生姜片、红辣椒、香叶炒出香味，加入酱油、料酒、白糖、味精和适量水，调成酱汁。

3 将猪耳放入酱汁锅内，烧沸后酱至猪耳熟透，捞出，趁热卷起，凉透后切成片即可。

拌口条

制作成本	制作时间	专家点评	适合人群
15元	28分钟	开胃消食	女性

材料 猪舌（口条）300克

调料 盐5克，味精3克，红油20克，卤水适量，蒜5克，葱6克

做法

1 将猪舌洗净，放入开水中氽去血水后，捞出；蒜洗净剁蓉，葱洗净切末。

2 锅中加入卤水烧开后，下入猪舌卤至入味。

3 取出猪舌，切成片，装入碗内，调入盐、味精、红油、蒜蓉、葱末拌匀即可。

荞面拐肉

制作成本	制作时间	专家点评	适合人群
6元	85分钟	提神健脑	男性

材料 荞面50克，猪肘肉150克，卤汁500克

调料 蒜汁、香醋、白糖各10克，红油、香油各15克，盐3克，白芝麻适量

做法

1. 荞面用温水泡10分钟后，用冷开水泡30分钟，取出装入盘中。
2. 将猪肘肉放入卤汁中用慢火卤制40分钟，取出凉凉切片，放在荞面上。
3. 加蒜汁、红油、香醋、白糖、盐、香油拌匀即可。

东北酱猪手

制作成本	制作时间	专家点评	适合人群
26元	80分钟	补血养颜	女性

材料 猪手500克，生姜10克，蒜蓉5克

调料 盐5克，味精3克，酱油8克，卤水1000克，干椒20克

做法

1. 将猪手烟毛洗净，砍成段，放入沸水中氽去血水。
2. 将猪手放入卤水中，卤好后取出斩成小段。
3. 将猪手装入盆中，下入调味料拌匀后装盘即可。

麻辣蹄筋

制作成本	制作时间	专家点评	适合人群
8元	45分钟	防癌抗癌	老年人

材料 水发牛蹄筋100克，彩椒20克

调料 香葱10克，盐3克，酱油5克，味精2克，麻椒油、辣椒油各适量

做法

1. 将水发牛蹄筋、彩椒、香葱均洗净切成丁，牛筋氽熟，备用。
2. 碗中调入盐、酱油、味精、麻椒油、辣椒油，加入牛蹄筋、彩椒拌匀，装盘，上面撒上香葱即成。

1

2

3

凉拌腰片

制作成本	制作时间	专家点评	适合人群
12元	20分钟	保肝护肾	男性

材料 猪腰300克，蒜、葱、姜各10克，香菜50克

调料 红油、醋各8克，生抽、花生酱各5克，盐、白糖各3克，味精2克，香油适量

做法

1. 将猪腰洗净后对半剖开，去除其白色黏附物，蒜、姜切丝，葱切葱丝，香菜洗净，备用。
2. 猪腰切成片状备用。
3. 锅中水煮沸后，下入猪腰片，过水汆烫，至熟后，捞起，沥干水分；盘底摆入香菜，将猪腰片放于其上，取一小碗将所有调味料调匀，淋于猪腰片上，撒上葱、姜丝，以及蒜，淋入香油即可。

猪腰拌生菜

制作成本	制作时间	专家点评	适合人群
9元	18分钟	保肝护肾	老年人

材料 猪腰200克，生菜100克

调料 盐、味精、酱油、醋、香油各适量

做法

1. 将猪腰片开，取出腰筋，在里面剞顺刀口，横过斜刀片成梳子薄片。
2. 将腰片用开水焯至断生捞出，放入凉水中冷却，沥干水分待用；生菜择洗净，切成3厘米长段后备用。
3. 将猪腰和生菜装入碗内，将调味料兑成汁，浇入碗内拌匀即成。

核桃拌火腿

制作成本	制作时间	专家点评	适合人群
18元	12分钟	保肝护肾	男性

材料 火腿250克，核桃仁200克，红椒、葱段各10克

调料 盐5克，味精3克

做法

1. 火腿洗净切成小方块，红椒洗净切成小片，入沸水中汆烫后捞出。
2. 锅上火加油烧热，下入核桃仁炒香后盛出装入碗内。
3. 核桃仁内加入火腿丁、红椒片、葱段和所有调味料一起拌匀即可。

卤水粉肠

制作成本	制作时间	专家点评	适合人群
12元	150分钟	开胃消食	儿童

材料 粉肠300克，葱、蒜、姜各5克

调料 八角、桂皮、老抽、味精各50克，花椒、豆蔻、盐各30克，丁香15克，甘草10克，鱼露250克，料酒40克，水7500克，草果适量

做法

1. 将粉肠洗净，放入沸水中焯去腥味后，捞出沥水。
2. 将所有调味料加水熬2小时制成卤水，下入粉肠卤25分钟至熟，捞出。
3. 待粉肠凉后，取出切成小段即可。

哈尔滨红肠

制作成本	制作时间	专家点评	适合人群
15元	21分钟	增强免疫力	女性

材料 瘦肉350克，五花肉150克，鸡蛋80克，姜、葱、肠各适量

调料 盐3克，味精1克，生粉、五香粉各5克

做法

1. 先将肠洗干净，用筷子刮掉肠油，制成肠衣，姜切末，葱切末，鸡蛋打匀。
2. 将瘦肉、五花肉洗净，用机器搅成泥，加入盐、味精、鸡蛋、生粉、五香粉、姜、葱末搅匀。
3. 将肉泥灌入肠衣内，放入锅内煮熟切片即可。

风干牛肉

制作成本	制作时间	专家点评	适合人群
26元	70分钟	增强免疫力	女性

材料 腌制好的风干牛肉400克，红椒圈、洋葱圈各30克

调料 味精2克，白糖3克，蒜泥汁、香菜各适量

做法

1. 风干牛肉入清水中浸泡5分钟，去除盐分。
2. 牛肉中加入洋葱圈，入蒸锅中大火蒸1小时，蒸透后取出，切成片，码入盘中。
3. 另起锅，加入蒸牛肉的原汤烧开，调入味精、白糖，出锅浇在牛肉片上，点缀红椒圈、香菜、洋葱圈，跟蒜泥汁上桌供蘸食即可。

酱牛肉

制作成本	制作时间	专家点评	适合人群
16元	70分钟	增强免疫力	儿童

材料 牛腱子肉300克，清水2500克，葱、姜各10克

调料 花椒、大料、丁香、桂皮各少许，草果、老抽各5克，生抽4克，盐3克，味精2克，花雕酒6克，酱油10克

做法

1. 先将牛肉洗干净，切成片，姜切块，备用。
2. 将锅中清水烧沸，放入牛肉用酱汤调制。
3. 将花椒、大料、葱、姜、丁香、桂皮、草果、老抽、生抽、盐、味精、花雕酒放入锅内，一起卤制1小时后，牛肉取出，冲凉，切成薄片，装盘即可。

鸽蛋拌牛杂

制作成本	制作时间	专家点评	适合人群
18元	120分钟	提神健脑	男性

材料 鸽子蛋150克，牛筋100克，牛腩100克，生姜10克，葱段、蒜蓉、葱花各5克

调料 盐、味精、鸡精各2克，酱油、花椒油各3克，香油6克，桂皮、果皮、草果、丁香各适量

做法

1. 锅上火，油烧热，下桂皮、果皮、草果、丁香、生姜、葱段炒香后，注入适量清水。
2. 待水热加入鸽子蛋、牛杂、盐、鸡精、味精，大火煮沸，转用小火煲至牛杂熟烂入味，捞出，沥干水分，凉凉。
3. 将鸽蛋剥去壳，对半切开，牛杂切成片，装入碗内，调入花椒油、酱油、香油、盐、鸡精、蒜蓉、葱花，拌匀即可。

灯影牛肉

制作成本	制作时间	专家点评	适合人群
18元	20分钟	降低血压	老年人

材料 牛肉300克

调料 葱花10克，蒜末、盐各5克，味精3克，红油50克，卤水适量

做法

1. 将牛肉块洗净，入沸水中汆去血水。
2. 将牛肉块加入卤水中卤至入味取出，待冷却后，撕成细丝。
3. 锅中加入红油烧沸，下入牛肉丝，加入盐、味精、葱花、蒜末浸泡至入味即可。

麻辣卤牛肉

制作成本	制作时间	专家点评	适合人群
7元	20分钟	开胃消食	男性

材料 卤牛肉100克，姜蓉、蒜蓉各1克，青瓜5克，红尖椒适量

调料 盐3克，花椒油、酱油、陈醋、香油各2克，白糖4克，红油、味精各1克

做法

1. 卤牛肉切成整齐一致的薄片，按螺旋形摆入盘中，青瓜、红椒切片围边。
2. 将盐、味精、白糖、陈醋、酱油、花椒油、香油、红油、蒜蓉、姜蓉调成味汁。
3. 将调味汁淋在牛肉上即可。

葱姜牛肉

制作成本	制作时间	专家点评	适合人群
17元	55分钟	降低血压	女性

材料 牛肉300克

调料 花椒油5克，葱10克，蒜5克，生姜5克，辣椒5克，盐5克，味精3克，卤水、香油各适量

做法

1. 将牛肉洗净入沸水中焯去血水，再入卤锅中卤至入味，捞出。
2. 卤入味的牛肉块待冷却后切成薄片。
3. 将牛肉片装入碗内，加入所有调味料一起拌匀即可。

五香牛肉

制作成本	制作时间	专家点评	适合人群
18元	65分钟	保肝护肾	男性

材料 净牛肉300克

调料 葱、姜、花椒、八角、桂皮、肉蔻、小茴香、料酒、酱油各5克，盐3克

做法

1. 将净牛肉切块，下入沸水锅内汆净血水，捞出沥水；将葱洗净，切段；姜洗净，切片。
2. 用纱布袋把花椒、八角、桂皮、肉蔻、小茴香包起，制成料包。
3. 锅内加水，放入料包，加入料酒、盐、酱油、葱段、姜片，烧沸后放入牛肉块，焖烧至牛肉熟烂，捞出凉凉后切片即成。

麻辣牛筋

制作成本	制作时间	专家点评	适合人群
12元	12分钟	保肝护肾	男性

材料 卤制牛筋200克，红、青辣椒各5克，姜、香菜各3克

调料 辣椒油、花椒各5克，盐、味精、醋、生抽各2克，葱、蒜、芝麻适量

做法

1. 将卤制好的牛筋切片，摆盘；蒜、姜去皮，切末；红、青辣椒洗净切丝，放在牛筋上；香菜择洗干净，摆盘。
2. 油锅烧热，爆香蒜、姜、花椒，盛出，调入盐、味精、芝麻、醋和生抽，拌匀。
3. 将调味料浇在牛筋上，撒上葱花即可。

夫妻肺片

制作成本	制作时间	专家点评	适合人群
25元	45分钟	增强免疫力	男性

材料 猪心200克，猪舌200克，牛肉200克，葱10克，蒜5克

调料 盐5克，味精3克

做法

1. 将猪心、猪舌、牛肉分别洗净，放入开水中汆去血水；葱切花，蒜剁蓉。
2. 再将猪心、猪舌、牛肉放入烧开的卤水中卤至入味，取出切成片。
3. 将切好的原材料装入碗内，加入葱花、蒜蓉及所有调味料，拌匀即可。

凉拌牛百叶

制作成本	制作时间	专家点评	适合人群
12元	10分钟	开胃消食	女性

材料 牛百叶200克，青、红椒各适量

调料 盐、味精、鸡粉、辣椒油、麻油各适量

做法

1. 牛百叶洗净，切片；红椒、青椒洗净，去蒂和籽，切细丝，焯熟。
2. 将牛百叶煲熟，至爽脆，注意不要时间过长，捞起，沥干。
3. 加入调味料，拌匀，最后撒上红、青椒丝即可。

拌牛肚

制作成本	制作时间	专家点评	适合人群
14元	10分钟	增强免疫力	女性

材料 熟牛肚200克，胡萝卜5克

调料 大葱20克，香菜5克，味精2克，胡椒粉3克，香醋、辣椒油、香油各适量

做法

1. 将熟牛肚、大葱、胡萝卜均洗净，切成丝；香菜择洗干净，切成段，备用。
2. 将熟牛肚、大葱、胡萝卜、香菜倒入碗内，调入味精、胡椒粉、香醋、辣椒油、香油拌匀即成。

木姜金钱肚

制作成本	制作时间	专家点评	适合人群
15元	65分钟	补血养颜	女性

材料 金钱肚200克，香菜、姜、蒜、葱各5克，八角2克，桂皮3克

调料 木姜油20克，盐5克，味精3克

做法

1. 八角、桂皮、葱、姜下锅，加水烧沸制成卤水，金钱肚下锅卤好。
2. 再将卤好的金钱肚捞出，待凉后，切成片，装入碗中。
3. 往金钱肚内加入所有调味料一起拌匀即可。

凉拌香菜牛百叶

制作成本	制作时间	专家点评	适合人群
15元	15分钟	增强免疫力	老年人

材料 水发牛百叶300克，香菜10克

调料 盐5克，白胡椒粉，醋、味精各少许

做法

1 水发牛百叶洗净，切成片；香菜切段。

2 将切好的牛百叶片放入沸水中焯一下，捞出凉凉。

3 将牛百叶与香菜段盛入盘中，加入所有调味料拌匀即可。

麻辣羊肚丝

制作成本	制作时间	专家点评	适合人群
10元	15分钟	保肝护肾	男性

材料 熟羊肚200克，红椒10克，葱5克

调料 盐3克，味精3克，麻油5克，辣椒油5克

做法

1 羊肚切丝，葱切丝，红椒切丝。

2 盐、味精、麻油、辣椒油调匀成汁。

3 所有材料拌匀即可。

凉拌羊肉

制作成本	制作时间	专家点评	适合人群
15元	10分钟	养心润肺	老年人

材料 熟羊肉200克，香菜2克，蒜蓉、葱各5克

调料 盐、味精、香油各5克

做法

1 熟羊肉切片盛碟。

2 葱切丝，与蒜蓉、调味料加少许水搅拌成调料汁。

3 将调料汁淋于羊肉上拌匀，撒少许香菜即可。

怪味鸡

制作成本	制作时间	专家点评	适合人群
16元	75分钟	防癌抗癌	女性

材料 鸡肉300克，蒜、葱各10克，姜适量

调料 红油20克，盐、白糖各3克，醋5克，味精2克，花椒粉4克

做法

1 锅中放水煮沸后，将洗净的鸡肉下入沸水中，煮至熟透后，捞起，沥干水分。

2 将鸡肉切成块状，摆入盘中；姜、蒜去皮后，切末；葱切成葱花。

3 取一小碗，调入姜末、蒜末和葱花，加入所有的调味料调成味汁，淋于盘中即可。

口水鸡

制作成本	制作时间	专家点评	适合人群
16元	95分钟	增强免疫力	儿童

材料 鸡肉500克，葱20克，姜10克，蒜5克

调料 盐、芝麻各5克，味精3克，红油10克，芝麻酱20克，高汤适量

做法

1 鸡肉洗净，放入锅中用小火煮至八成熟时，熄火，再泡至全熟后，捞出。

2 将煮好的鸡肉斩成小块，装入盘中，浇入少许高汤。

3 将切好的葱末、姜末、蒜蓉和所有调味料一起拌匀，浇在鸡块上即可。

滇味辣凤爪

制作成本	制作时间	专家点评	适合人群
7元	10分钟	开胃消食	女性

材料 去骨凤爪300克，柠檬5克，香茅草、香芹、沙姜各3克，葱头、红尖椒各2克

调料 盐3克，味精2克，白糖5克，红醋3克，鸡粉2克

做法

1. 将柠檬去皮，香茅草、沙姜、葱头、红尖椒洗干净，一起打成酱。
2. 去骨凤爪里放入调制的酱，再放盐、味精、白糖、红醋、鸡粉。
3. 拌匀装盘，再放上香芋即可。

卤味凤爪

制作成本	制作时间	专家点评	适合人群
5元	20分钟	养心润肺	女性

材料 凤爪250克，葱10克，蒜5克

调料 盐5克，味精3克，八角5克，桂皮10克

做法

1. 凤爪剁去趾尖后，洗净；葱切段，蒜切片。
2. 锅中加水烧沸后，下入凤爪煮至熟软后，捞出。
3. 锅中加入葱段、蒜片和所有调味料制成卤水，下入鸡爪卤至入味即可。

泰式凤爪

制作成本	制作时间	专家点评	适合人群
10元	20分钟	开胃消食	儿童

材料 无骨凤爪200克，香菜、香芹各20克

调料 泰式汁75克，柠檬适量

做法

1. 凤爪去趾洗净，香菜、香芹洗净切段；柠檬榨成汁备用。
2. 锅上火，水烧开，放入凤爪焯熟，捞出沥干水分，用柠檬汁、泰式汁腌制。
3. 将腌过的凤爪沥干水，调入香菜、香芹拌匀即可上碟。

拌鸡胗

制作成本	制作时间	专家点评	适合人群
13元	20分钟	开胃消食	男性

材料 鸡胗300克，葱20克，蒜10克

调料 味精3克，花椒油、盐各5克，红油10克，卤水适量

做法

1. 将鸡胗洗净，放入烧沸的卤水中卤至入味。
2. 取出鸡胗，待凉后切成薄片；葱洗净切圈，蒜剁成蓉。
3. 将鸡胗装入碗中，加入所有调味料一起拌匀即可。

红油鸭块

制作成本	制作时间	专家点评	适合人群
26元	20分钟	开胃消食	男性

材料 烤鸭500克，葱、蒜各10克，姜适量

调料 红油25克，生抽8克，香油10克，味精3克

做法

1 将烤鸭洗净后，切成块状；蒜、姜去皮后，切成末状；葱切成葱花。

2 烤鸭装入盘中，摆好形状，入锅中蒸约15分钟后，取出。

3 取一小碗调入红油、生抽、香油、味精、姜、葱、蒜调成味汁，淋于其上即可。

辣拌烤鸭片

制作成本	制作时间	专家点评	适合人群
14元	15分钟	养心润肺	女性

材料 烤鸭肉250克，香芹100克，红辣椒10克，大蒜5克

调料 辣椒油、生抽各10克，盐3克，香油适量

做法

1 烤鸭肉剔骨后切成片，大蒜切末。

2 香芹洗净切斜段，放入沸水中焯熟；红辣椒去蒂、籽洗净切丝放入沸水中略焯，捞出沥干。

3 将所有材料盛盘，加入兑好的调味料拌匀即可。

盐水鸭

制作成本	制作时间	专家点评	适合人群
13元	140分钟	开胃消食	老年人

材料 鸭200克，葱10克，姜5克

调料 盐20克，味精3克，花雕酒10克，胡椒粉2克

做法

1 将鸭肉洗净，用调味料和切成片的姜、葱段腌渍2小时。

2 锅置火上，加入水和盐，烧开后将腌好的鸭肉煮5分钟，盖上盖浸泡至熟。

3 再将熟鸭肉取出，斩成块装盘即可。

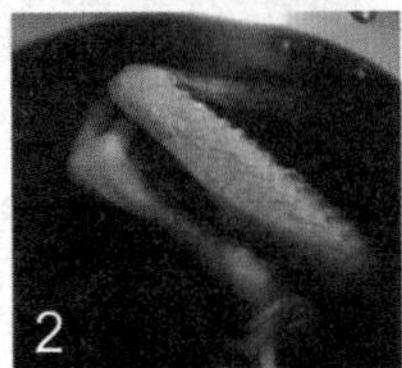

卤水掌翼

制作成本	制作时间	专家点评	适合人群
20元	160分钟	养阴补虚	女性

材料 鹅掌250克，鹅翅200克，葱、姜、蒜各5克

调料 八角、老抽各50克，花椒、豆蔻、盐各30克，桂皮60克，丁香15克，草果、甘草各10克，鱼露250克，料酒40克，味精25克，水7500克

做法

1. 将鹅掌、鹅翅洗净，入沸水中稍焯后捞出。
2. 将所有调味料加水熬2小时制成卤水，下入鹅掌、鹅翅卤35分钟至熟，捞出。
3. 再将卤好的鹅掌、鹅翼切好装入盘中即可。

老醋拌鸭掌

制作成本	制作时间	专家点评	适合人群
10元	20分钟	开胃消食	儿童

材料 鸭掌200克，熟花生碎50克，香菜末20克

调料 酱油5克，盐3克，白糖2克，陈醋、香油各适量

做法

1. 鸭掌洗净，下入沸水锅中汆水后，捞出沥干水分。
2. 所有调味料调匀，加鸭掌拌匀，装盘，撒上花生碎和香菜末即可。

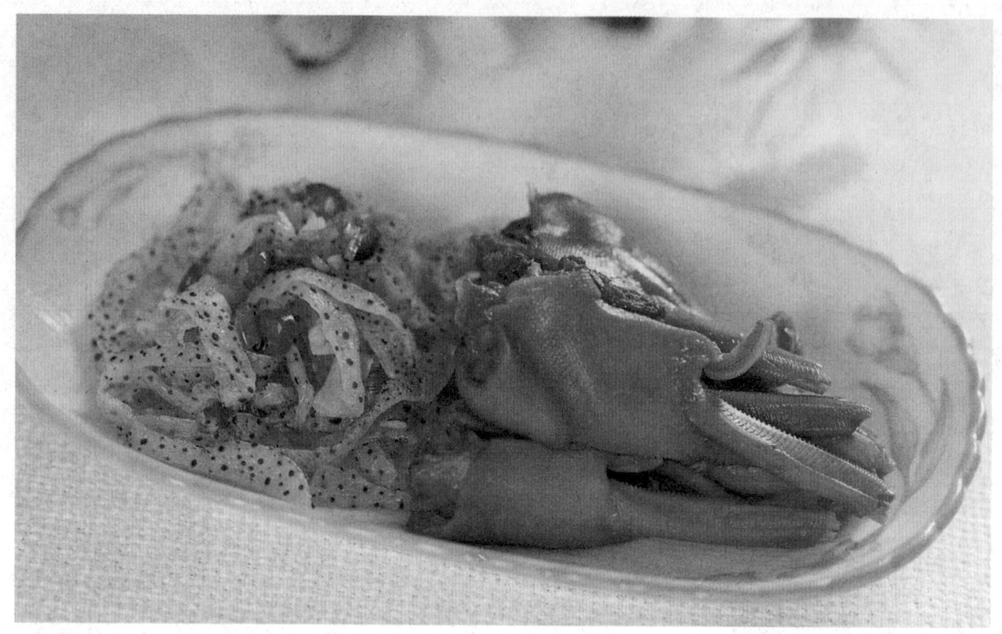

海蜇鸭下巴

制作成本	制作时间	专家点评	适合人群
15元	38分钟	开胃消食	女性

材料 鸭下巴300克，海蜇200克，葱、姜各5克，香菜8克，蒜少许

调料 八角8克，桂皮3克，花椒、丁香、草果、盐、味精、鱼露、辣椒油各适量

做法

1 将鸭下巴放入用调味料制成的卤水中卤25分钟。

2 将海蜇放入沸水中稍焯后捞出；鸭下巴取出斩块。

3 海蜇丝加入辣椒油、盐拌匀，和鸭下巴摆好即可。

卤水鸭头

制作成本	制作时间	专家点评	适合人群
15元	65分钟	提神健脑	男性

材料 鸭头300克

调料 盐、香油各3克，味精、白糖各2克，红卤水500克

做法

1 鸭头洗净，下沸水锅中汆去血水，捞出沥干。

2 鸭头放红卤水中，加盐、味精、白糖大火烧沸，改慢火卤熟，捞出沥尽汤汁。

3 将鸭头从中间剁开，抹上香油即可。

汾酒炝鹅肝

制作成本	制作时间	专家点评	适合人群
18元	20分钟	补血养颜	女性

材料 进口鹅肝250克，黄瓜适量

调料 绍酒、鸡精粉、香油各10克，汾酒20克，生抽、胡椒粉各5克，盐3克，柱侯酱、美极鲜适量

做法

1. 鹅肝洗净，加入绍酒、汾酒，焯水2分钟；黄瓜洗净切片，加少许盐腌渍。
2. 将美极鲜及其他调味料一起搅拌均匀，把鹅肝放入盘中，黄瓜盖于表面。
3. 淋上已调好的调料，即可。

卤水鹅头

制作成本	制作时间	专家点评	适合人群
10元	160分钟	提神健脑	男性

材料 鹅头250克，葱、姜、蒜各5克

调料 八角50克，花椒、豆蔻各30克，桂皮60克，丁香、草果15克，甘草10克，鱼露250克，老抽50克，味精适量，料酒40克，盐30克，水适量

做法

1. 将鹅头镊去细毛，放入沸水中稍焯后捞出。
2. 将葱、姜、蒜和所有调味料加水熬2小时制成卤水，下入鹅头卤35分钟至熟，捞出。
3. 再将卤好的鹅头取出，对切，摆入盘中即可。

第四部分

鲜香水产

凉菜可根据各人口味选材，或荤或素，也可荤素搭配。制作亦繁简由人，可即拌即吃，也可多做些，供多餐享用。凉菜少不了水产海鲜，这符合现代人要求油脂少、天然养分多的健康概念，男女老幼都适合食用。本章将为大家介绍凉拌水产菜的制作方法，使您在最短的时间内学会凉拌水产菜。

红油带鱼片

制作成本	制作时间	专家点评	适合人群
14元	22分钟	补血养颜	女性

材料 带鱼250克，红油10克，红辣椒10克，蒜5克，芝麻少量

调料 盐3克，鸡精2克，蛋黄80克，姜汁少许

做法

1. 带鱼治净后切片，蒜去皮切蓉，红辣椒切圈。
2. 将切好的带鱼片放入碗中，调入少许盐、鸡精、蛋黄、红辣椒圈、姜汁拌匀，腌渍2分钟。
3. 锅上火，油温烧热至200℃时放入调好味的带鱼，炸至熟捞出沥干油分，用红油拌匀带鱼，装盘撒入炒香的芝麻即可。

凉拌鱼丝

制作成本	制作时间	专家点评	适合人群
13元	10分钟	养心润肺	女性

材料 鱼肉300克，黄瓜100克

调料 香菜8克，红椒10克，盐3克，料酒、醋、香油、鸡精各适量

做法

1. 鱼肉、黄瓜、红椒洗净切丝；香菜洗净切段。
2. 把鱼肉、黄瓜、红椒放入沸水中焯烫1~2分钟，捞出再放入凉开水中凉透，控水后入盘。
3. 放入香菜，加盐、醋、料酒、香油、鸡精，拌匀即成。

葱拌小银鱼

制作成本	制作时间	专家点评	适合人群
12元	15分钟	防癌抗癌	女性

材料 小银鱼200克，洋葱、熟花生米、红椒、大葱各适量

调料 盐3克，醋8克，生抽10克，香菜段少许

做法

1. 洋葱、红椒、大葱洗净，切丝；银鱼治净。
2. 锅内注油烧热，下银鱼炸熟后，捞起沥油，再放入熟花生米、红椒、洋葱、香菜、大葱丝。
3. 再向盘中加入盐、醋、生抽拌匀，即可食用。

红油鱼块

制作成本	制作时间	专家点评	适合人群
6元	18分钟	排毒瘦身	女性

材料 草鱼300克

调料 红油、姜、酱油各5克，盐3克，味精2克

做法

1. 将草鱼洗净，切成小条状用调味料腌渍入味；姜切片。
2. 锅中加油烧热，下入草鱼块炸至金黄色后捞出，沥油。
3. 把红油烧热，下入鱼块浸泡半小时即可。

香菜银鱼干

制作成本	制作时间	专家点评	适合人群
15元	10分钟	开胃消食	男性

材料 银鱼干200克，香菜100克

调料 盐、味精各3克，香油10克，熟芝麻8克

做法

1. 香菜去叶洗净，切段。银鱼干洗净，入油锅炸至呈金黄色时盛出。
2. 将香菜、银鱼干同拌，调入盐、味精拌匀。
3. 撒上熟芝麻，淋入香油即可。

五香鱼块

制作成本	制作时间	专家点评	适合人群
16元	30分钟	保肝护肾	男性

材料 鲩鱼400克

调料 葱花、姜末、黄酒、酱油、麻油、盐、桂皮、茴香、五香粉各适量

做法

1. 鲩鱼治净切块，用葱、姜、黄酒、盐腌渍30分钟，再入油锅炸至呈金黄色时捞出。
2. 原锅留油，放黄酒、桂皮、茴香、酱油及汤，熬成五香卤汁，淋上麻油，把鱼块在卤汁中浸后捞出，撒上五香粉即可。

红油沙丁鱼

制作成本	制作时间	专家点评	适合人群
12元	15分钟	增强免疫力	儿童

材料 沙丁鱼300克

调料 盐、味精、醋、老抽、红油各适量

做法

1. 沙丁鱼治净，切去头部。
2. 炒锅置于火上，注油烧热，放入沙丁鱼炸熟后，捞起沥干油并装入盘中。
3. 将盐、味精、醋、老抽、红油调成汁，浇在沙丁鱼上面即可。

香辣马面鱼

制作成本	制作时间	专家点评	适合人群
14元	140分钟	补血养颜	女性

材料 马面鱼、熟芝麻各适量

调料 盐、酱油、料酒、辣椒油、蚝油、老抽各适量

做法

1. 马面鱼治净，去头部，在鱼身上划几刀，用盐、酱油、料酒、辣椒油拌匀，腌渍2小时，至鱼入味。
2. 油锅烧热，入辣椒油、马面鱼炸至鱼色红润，盛出装盘。
3. 用余油将盐、蚝油、老抽调成味汁，淋在鱼身上，撒上熟芝麻即可。

花生米拌鱼皮

制作成本	制作时间	专家点评	适合人群
6元	10分钟	提神健脑	儿童

材料 鱼皮200克，熟花生米50克，红椒适量

调料 盐3克，味精1克，醋10克，生抽12克，料酒15克，香菜少许

做法

1. 鱼皮洗净；红椒洗净，切丝，用沸水焯一下；香菜洗净。
2. 锅内注水烧沸，放入鱼皮汆熟后，捞起沥干并装入碗中，再放入熟花生米。
3. 向碗中加入盐、味精、醋、生抽、料酒拌匀，再撒上红椒丝、香菜即可。

芝麻拌墨鱼

制作成本	制作时间	专家点评	适合人群
15元	20分钟	补血养颜	女性

材料 干墨鱼300克，芝麻25克，生姜5克

调料 红油30克，盐5克，味精3克，香菜适量

做法

1. 干墨鱼剥去骨头和外皮，洗净；姜、香菜均洗净，切末。
2. 将干墨鱼肉切成细丝，入锅煮熟，捞出备用。
3. 锅上火，下入红油、芝麻、姜末、盐、味精调成味汁，关火，将味汁淋在墨鱼丝上，撒上香菜即可。

三色鱼条

制作成本	制作时间	专家点评	适合人群
15元	16分钟	增强免疫力	儿童

材料 鱼肉250克，莴笋100克，水发冬菇50克，冬笋肉50克

调料 黄酒10克，盐5克，味精5克，白糖3克，麻油20克，清汤15克，生菜油1000克

做法

1. 鱼肉、莴笋、冬菇、冬笋分别洗净后切成条。
2. 将所有切好的原材料放入烧沸的水中焯熟后，捞出沥水，盛入碗中。
3. 碗中加入所有调味料一起拌匀即可。

鱿鱼丝拌粉皮

制作成本	制作时间	专家点评	适合人群
6元	14分钟	补血养颜	女性

材料 鱿鱼50克，粉皮150克

调料 盐、味精、酱油、蚝油各适量

做法

1 鱿鱼洗净，切成丝，入开水中烫熟。粉皮洗净，入水中焯一下。

2 将盐、味精、酱油、蚝油放在一起调匀，制成味汁。

3 将味汁淋在粉皮、鱿鱼丝上，拌匀即可。

青葱拌银鱼

制作成本	制作时间	专家点评	适合人群
6元	10分钟	开胃消食	儿童

材料 银鱼、葱各适量

调料 盐3克，味精1克，醋6克，生抽10克，红椒少许

做法

1 银鱼治净；红椒洗净，切丝，用沸水焯一下；葱洗净，切段。

2 锅内注水烧沸，放入银鱼汆熟后，捞起沥干装入盘中，再放入红椒丝、葱段。

3 加入盐、味精、醋、生抽拌匀即可。

鲜椒鱼片

制作成本	制作时间	专家点评	适合人群
12元	20分钟	开胃消食	女性

材料 鲩鱼350克，红椒圈、蒜薹段各20克

调料 盐3克，香油、醋各10克，鲜花椒50克

做法

1 鲩鱼治净，切片，用盐、醋腌渍10分钟，入油锅滑熟后摆盘中。

2 鲜花椒、红椒、蒜薹同入油锅爆香后，淋在鱼片上。

3 淋入香油即可。

鱿鱼三丝

制作成本	制作时间	专家点评	适合人群
8元	12分钟	开胃消食	女性

材料 鱿鱼120克，洋葱100克，辣椒70克

调料 盐、味精各4克，红油、生抽各10克

做法

1 鱿鱼洗净，切成丝，入开水中烫熟。洋葱洗净，切成丝，入开水中烫熟。辣椒洗净，切成丝。

2 油锅烧热，入辣椒爆香，放盐、味精、红油、生抽炒香，制成味汁。

3 将味汁淋在上洋葱、鱿鱼上，拌匀即可。

五彩银针鱿鱼丝

制作成本	制作时间	专家点评	适合人群
13元	15分钟	排毒瘦身	女性

材料 鲜木耳、豆芽、黄瓜丝、红椒丝、鱿鱼各适量

调料 盐、味精各3克，香油10克

做法

1 木耳洗净，切丝，与豆芽、黄瓜丝、红椒丝分别焯水后捞出；鱿鱼洗净，切丝，汆水后捞出。

2 将备好的材料同拌，调入盐、味精拌匀。淋入香油即可。

纯鲜墨鱼仔

制作成本	制作时间	专家点评	适合人群
10元	12分钟	补血养颜	女性

材料 墨鱼仔200克，圣女果适量

调料 盐、醋、味精、生抽、料酒各适量

做法

1. 墨鱼仔治净；圣女果洗净，切小块待用。
2. 锅内注水烧沸，放入墨鱼仔稍汆后，捞出沥干并装入碗中。
3. 加入盐、醋、味精、生抽、料酒拌匀后，排于盘中，用圣女果点缀即可。

胡萝卜脆鱼皮

制作成本	制作时间	专家点评	适合人群
5元	12分钟	补血养颜	女性

材料 鱼皮100克，胡萝卜200克

调料 盐3克，味精1克，醋10克，生抽12克，料酒5克，葱少许

做法

1. 鱼皮洗净，切丝；胡萝卜洗净，切丝；葱洗净，切花。
2. 锅内注水烧沸，分别放入鱼皮丝、胡萝卜丝焯熟后，捞起沥干并装入盘中。
3. 再加入盐、味精、醋、生抽、料酒拌匀，撒上葱花即可。

心有千千结

制作成本	制作时间	专家点评	适合人群
8元	10分钟	降低血压	老年人

材料 芥菜120克，鱿鱼150克，红辣椒丝适量

调料 红辣椒酱10克，醋、糖适、松仁粉各适量

做法

1. 芥菜去叶，洗净，将芥菜梗在沸腾的盐水中焯好后，用冷水冲洗。
2. 鱿鱼去皮，在鱿鱼肉上刻网状的痕，然后将鱿鱼切丝，在沸腾的盐水中汆熟。将各种调味料和红辣椒酱拌在一起，制成鲜辣酱。
3. 将红辣椒丝放在鱿鱼中，然后用焯过水的芥菜梗将鱿鱼绑成结，用红辣椒酱做蘸酱。

芥味鱼皮

制作成本	制作时间	专家点评	适合人群
7元	10分钟	开胃消食	男性

材料 鱼皮300克，芥末20克，红椒适量

调料 盐3克，醋8克，老抽10克，香菜少许

做法

1. 鱼皮洗净，切丝；红椒洗净，切丝，用沸水焯一下；香菜洗净。
2. 锅内注水烧沸，放入鱼皮汆熟后，捞起沥干装入盘中，再放入红椒。
3. 向盘中加入盐、醋、老抽、芥末拌匀，撒上香菜即可。

三色鱼皮

制作成本	制作时间	专家点评	适合人群
8元	12分钟	养心润肺	男性

材料 鱼皮350克，红椒少许

调料 盐、味精各3克，香菜段、香油各适量

做法

1. 鱼皮洗净，切丝，入沸水汆熟后捞出。红椒洗净，切丝，焯水后取出，香菜洗净。
2. 将鱼皮、香菜、红椒同拌，调入盐、味精拌匀，淋入香油即可。

萝卜丝拌鱼皮

制作成本	制作时间	专家点评	适合人群
6.5元	12分钟	补血养颜	女性

材料 鱼皮100克，胡萝卜200克

调料 盐3克，味精1克，醋8克，生抽10克，香菜少许

做法

1. 鱼皮洗净，切丝；香菜洗净；胡萝卜洗净，切成细丝。
2. 锅内注水烧沸，放入鱼皮氽熟后，捞出沥干与胡萝卜一起装入碗中。
3. 向碗中加入盐、味精、醋、生抽拌匀后，撒上香菜，再倒入盘中即可。

银芽拌鱼皮

制作成本	制作时间	专家点评	适合人群
5元	15分钟	开胃消食	女性

材料 银芽100克，鲩鱼皮50克，青红椒、香菜末各少许，蒜蓉10克，葱花5克

调料 盐、鸡精粉各2克，辣椒油5克，麻油3克，味精2克

做法

1. 银芽洗净，择掉头尾；鲩鱼皮洗净切片。
2. 锅上火，注入适量清水，加入盐、味精，烧沸后下银芽、鲩鱼皮，焯熟捞出，放入冰水中浸3分钟后捞出沥干，盛碗。
3. 调入蒜蓉、葱花、青、红椒丝、盐、鸡精粉、辣椒油、麻油拌匀，装盘，撒上香菜末即可。

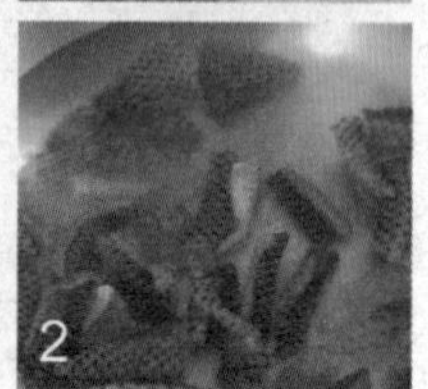

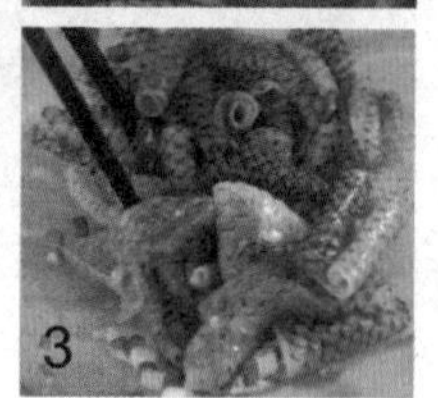

麻辣鱼皮

制作成本	制作时间	专家点评	适合人群
6元	13分钟	开胃消食	老年人

材料 鱼皮250克，葱20克，蒜2克

调料 盐5克，味精3克，麻辣油适量

做法

1. 鱼皮洗净，切成小段；葱洗净切花，蒜剁成蓉。
2. 锅上火，加水烧沸，下入鱼皮稍汆后，捞出沥水。
3. 将鱼皮装入碗内，加入葱花、蒜蓉和其他调味料拌匀即可。

开心鱼皮

制作成本	制作时间	专家点评	适合人群
5元	10分钟	增强免疫力	儿童

材料 鲩鱼皮100克，姜蓉3克，蒜蓉、香菜、香芹、熟芝麻各2克

调料 盐3克，味精2克，白糖、陈醋各1克，酱油、芝麻油、花椒油、红油各2克

做法

1. 把鱼皮用斜刀切成小段，入沸水汆一下，捞出凉凉；香菜、香芹切碎。
2. 把鱼皮放入盆中，放入盐、味精、白糖、陈醋、酱油、芝麻油、花椒油、红油、姜蓉、蒜蓉、香菜末、香芹末。
3. 拌匀装盘，再撒上熟芝麻即可。

拌虾米

制作成本	制作时间	专家点评	适合人群
10元	12分钟	增强免疫力	女性

材料 虾米100克，红椒20克，西芹适量

调料 姜10克，盐5克，鸡精2克，葱10克

做法

1. 将红椒洗净去蒂去籽，切小片焯水备用；姜去皮洗净切片，葱洗净切圈；西芹洗净切丁；虾米洗净。
2. 锅加热，下入虾米炒香后，取出装碗。
3. 在虾米碗内加入红椒片、姜片、葱、西芹及其余调味料，一起拌匀即可。

椒盐河虾

制作成本	制作时间	专家点评	适合人群
13元	20分钟	保肝护肾	老年人

材料 河虾200克，味椒盐10克，蒜10克，红辣椒5克

调料 盐3克，鸡精粉2克，油500克

做法

1. 河虾在盐水中浸泡约10分钟后捞出沥干水分，蒜去皮切蓉，红辣椒去蒂、籽，切粒备用。
2. 锅上火，油温烧至150℃时放入泡过盐水的河虾，炸干后捞出沥干油分装盘。
3. 锅上火，注入适量油，爆香蒜蓉、红辣椒粒，调入盐、鸡精粉、味椒盐炒匀，淋入盘中即可。

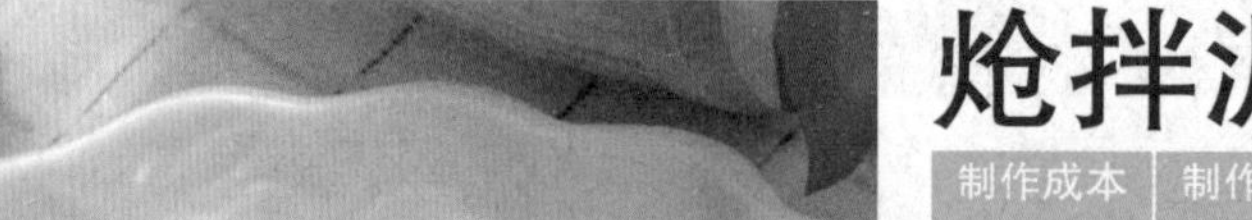

炝拌泥鳅

制作成本	制作时间	专家点评	适合人群
12元	14分钟	保肝护肾	男性

材料 泥鳅250克，蒜10克，芝麻3克，辣椒粉、青椒、红油各5克，面粉适量

调料 盐2克，色拉油5克，味精、糖各适量

做法

1. 泥鳅洗净，均匀抹上面粉，在烧至七成油温的锅中炸酥，捞出沥干油分。
2. 将其他原材料切成末，调味料搅成糊状。
3. 将调好的原材料、调味料和炸好的泥鳅拌匀即可。

辣子泥鳅

制作成本	制作时间	专家点评	适合人群
10元	13分钟	开胃消食	女性

材料 泥鳅200克，干辣椒15克，面粉适量

调料 盐3克，料酒、鸡精各适量

做 法

1 干辣椒切段；泥鳅洗净，用盐、料酒腌5分钟后裹上面粉。

2 油锅烧热，泥鳅入锅炸至快熟捞出装盘。

3 干辣椒下锅爆香，加鸡精调味，倒入盘中拌匀即可。

炝拌小银鱼

制作成本	制作时间	专家点评	适合人群
11元	12分钟	开胃消食	女性

材料 小银鱼200克，蒜10克，姜15克，辣椒面、香油各5克

调料 盐2克，味精、糖各适量

做 法

1 蒜剁蓉状，姜切末备用。

2 净锅上火，放入小银鱼，煎熟盛盘。

3 将蒜蓉、姜末、辣椒面和所有的调味料倒入烧热的油锅，加热2分钟后淋入盘中即可。

卤水冻鲜鱿

制作成本	制作时间	专家点评	适合人群
15元	315分钟	补血养颜	女性

材料 鲜鱿鱼300克

调料 果皮、桂皮、丁香、八角各适量，生姜、葱段各1克，盐、鸡精粉各3克，辣椒油、日本芥辣、酱油、胡椒粉、香油各5克、花雕酒3克

做法

1 锅上火，油烧热，下鱿鱼、果皮、桂皮、丁香、八角、生姜、葱段，加入盐、鸡精粉、花雕酒炒香，放适量清水，煲沸后，将鱿鱼捞出。

2 将锅中卤水盛入碗里，待凉后，放入冰箱中，待冰镇后，放入鱿鱼，继续浸泡约5小时。

3 将鱿鱼捞出，切成圈，放鸡精粉、盐、辣椒油、酱油、胡椒粉、香油、日本芥辣拌匀装盘即可。

酸辣鱿鱼卷

制作成本	制作时间	专家点评	适合人群
18元	15分钟	提神健脑	女性

材料 鱿鱼400克，大蒜10克，红辣椒、葱、姜各5克

调料 糖、白醋、酱油、香油各5克

做法

1 鱿鱼洗净，去除外膜，先切交叉刀纹，再切片，放入滚水中汆烫至熟，捞出沥干。

2 姜去皮洗净，大蒜去皮，红辣椒去蒂洗净，全部切末后放入小碗中，加入调味料拌均匀，做成五味酱备用。

3 将鱿鱼卷盛入盘中，淋上五味酱，即可上桌。

凉拌海参

制作成本	制作时间	专家点评	适合人群
28元	12分钟	增强免疫力	女性

材料 海参150克

调料 盐3克，醋15克，老抽10克，大蒜适量，葱少许

做法

1. 海参洗净，切条；大蒜洗净，切成蒜蓉；葱洗净，切花。
2. 锅内注水烧沸，放入海参汆熟后，捞出晾干。
3. 加盐、醋、老抽充分拌匀后，撒上蒜蓉、葱花即可。

香葱拌海肠

制作成本	制作时间	专家点评	适合人群
8元	12分钟	保肝护肾	男性

材料 海肠、香葱各适量

调料 盐、醋、酱油、香油、青椒、红椒片各适量

做法

1. 海肠治净，切段，入沸水锅中汆熟，捞起过凉水，控净水分；香葱洗净，切段。青、红椒片均焯水后取出。
2. 将备好的材料调入盐、醋、酱油拌匀，再淋入香油即可。

北海太子参

制作成本	制作时间	专家点评	适合人群
20元	11分钟	提神健脑	女性

材料 太子参150克，葱、姜、蒜各5克

调料 麻油、辣椒油、花椒油、盐各5克，味精3克，鸡精2克

做法

1 将太子参洗净切成块状；葱、姜、蒜切末。

2 锅中加水烧沸后，下入太子参稍焯后捞出。

3 将葱、姜、蒜末和所有调味料一起加入太子参中拌匀即可。

老醋黄瓜拌蛤蜊

制作成本	制作时间	专家点评	适合人群
15元	10分钟	排毒瘦身	女性

材料 黄瓜、蛤蜊肉各适量

调料 盐、醋、生抽、红椒、葱白、香菜各适量

做法

1 黄瓜洗净切片，排于盘中。蛤蜊肉洗净。红椒、葱白洗净切丝。香菜洗净。锅内注水烧沸，放入蛤蜊肉汆熟后，装碗，再放红椒丝、葱白、香菜。

2 向碗中加盐、醋、生抽拌匀，再倒入排有黄瓜的盘中即可。

1

2

3

潮式腌黄沙蚬

制作成本	制作时间	专家点评	适合人群
16元	20分钟	开胃消食	女性

材料 黄沙蚬300克，香菜末20克，红椒末20克

调料 鱼露10克，味精3克，酱油、葱花、姜末、蒜蓉、盐各5克，料酒20克

做法

1. 将黄沙蚬治净，加入开水，烫至开口。
2. 用料酒将汆烫过的黄沙蚬腌渍10分钟。
3. 将香菜末、红椒末、姜末、葱花、蒜蓉和其余调味料一起调成味汁，倒入沙蚬中即可。

凉拌花甲

制作成本	制作时间	专家点评	适合人群
8元	17分钟	开胃消食	男性

材料 花甲500克，红椒20克，葱10克，姜5克

调料 盐5克，味精、胡椒粉各3克

做法

1. 红椒洗净去蒂去籽，切成小块，花甲洗净。
2. 锅中加水烧沸，下入花甲煮至开壳，肉熟时，捞出。
3. 将花甲装入碗内，加入红椒块和所有调味料一起拌匀即可。

姜葱蚬子

制作成本	制作时间	专家点评	适合人群
12元	140分钟	增强免疫力	男性

材料 蚬子 300 克，姜、葱各 10 克，蒜末、辣椒末各适量

调料 米酒 10 克，酱油 5 克，糖 5 克

做法

1. 姜洗净去皮切片；葱洗净切段。
2. 蚬子泡入盐水中，待吐沙后捞出洗净，放入滚水中烫至外壳略开，立刻熄火，捞出沥干备用。
3. 蚬子放入碗中，加入蒜末、辣椒末和调料拌匀，移入冰箱冷藏 2 小时，待食用时取出。

凉拌素鲍

制作成本	制作时间	专家点评	适合人群
20元	18分钟	提神健脑	儿童

材料 素鲍 100 克，花生 30 克，姜、蒜各 5 克，红椒、香菜各少许

调料 盐、鸡精各 3 克，麻油、辣椒油各 10 克

做法

1. 素鲍洗净切片，花生洗净入锅炸熟捞出，红椒切片焯熟，蒜、姜洗净切末。
2. 锅上火，加水烧开，下入素鲍鱼片稍焯后捞出沥干水分。
3. 在素鲍鱼片中加入花生、红椒片、姜末、蒜末，和所有调味料一起拌匀即可。

拌田螺肉

制作成本	制作时间	专家点评	适合人群
14元	20分钟	提神健脑	男性

材料 田螺肉500克，葱10克，姜5克

调料 盐5克，味精2克，绍酒、米醋、胡椒粉、红油、香油各适量

做法

1. 葱用刀背敲扁切成段。姜切成片。
2. 锅上火放入适量清水，加入盐、绍酒、葱段、姜片，放入田螺肉煮熟，捞出沥干盛入碗里，除去葱、姜。
3. 再将葱、姜切末，放在田螺肉碗内，加入味精、香油、红油、米醋、胡椒粉，拌匀。

香葱拌螺片

制作成本	制作时间	专家点评	适合人群
7元	15分钟	增强免疫力	男性

材料 螺肉150克，葱80克，红椒少许

调料 盐、味精各3克，香油、生抽各10克

做法

1. 葱洗净，切成段，入水焯一下；螺肉洗净，切成小片，氽熟；红椒洗净，切成片。
2. 盐、味精、香油、生抽调匀，制成味汁。
3. 将味汁淋在葱、螺肉片上，拌匀，撒上红椒即可。

拌海螺

制作成本	制作时间	专家点评	适合人群
13元	13分钟	降低血脂	老年人

材料 海螺400克，青红椒圈适量

调料 盐、味精各3克，香油、陈醋各20克，香菜段适量

做法

1. 海螺取肉洗净，切片，入开水中汆熟，捞起控水；青、红椒圈焯水后取出。
2. 将盐、味精、香油、陈醋加适量清水烧开成味汁。
3. 海螺肉、香菜、青红椒同拌，淋上味汁即可。

海螺拉皮

制作成本	制作时间	专家点评	适合人群
13元	14分钟	增强免疫力	女性

材料 海螺100克，拉皮200克，黄瓜、红椒、黄椒、豆皮各50克，熟芝麻、香菜各少许

调料 盐、味精各2克，醋、生抽各10克

做法

1. 海螺洗净；黄瓜、红椒、黄椒、豆皮洗净，均切丝；拉皮洗净，切条；香菜洗净。
2. 拉皮焯熟，捞起装盘后分别放入汆熟的海螺、黄椒、豆皮、青椒、红椒，用调味料调成汁，浇在上面，撒上熟芝麻、香菜即可。

冰镇油螺

制作成本	制作时间	专家点评	适合人群
12元	13分钟	开胃消食	女性

材料 油螺肉350克，熟芝麻适量

调料 盐3克，味精1克，醋10克，生抽12克，红油少许

做法

1. 油螺肉洗净，切成薄片。
2. 锅内注水烧沸，放入油螺肉汆熟后，捞出沥干并装入盘中。
3. 加入盐、味精、醋、生抽、红油、熟芝麻拌匀，再放入冰箱冰镇后取出即可。

黄花菜拌海蜇

制作成本	制作时间	专家点评	适合人群
15元	10分钟	提神健脑	儿童

材料 海蜇200克，黄花菜100克，黄瓜适量

调料 盐3克，味精1克，醋8克，生抽10克，香油15克，红椒少许

做法

1. 黄花菜、海蜇、红椒均洗净，切丝；黄瓜洗净，切片。
2. 锅内注水烧沸，分别放入海蜇、黄花菜烫熟后，捞出沥干放凉装碗，再放入红椒丝。
3. 向碗中加入盐、味精、醋、生抽、香油拌匀后，再倒入盘中即可。

凉拌海蜇

制作成本	制作时间	专家点评	适合人群
13元	15分钟	排毒瘦身	女性

材料 海蜇皮200克，青红椒丝少许

调料 盐、味精、鸡粉、麻油、辣椒油、芝麻、醋精各适量

做法

1. 将海蜇皮切成丝，和青红椒丝一起过水，加入醋精，腌10分钟。
2. 加入所有调味料拌匀即可。

凉拌海蜇丝

制作成本	制作时间	专家点评	适合人群
10元	9分钟	提神健脑	儿童

材料 海蜇200克，熟芝麻、红椒各少许

调料 盐3克，味精1克，醋8克，生抽10克，香油适量

做法

1. 海蜇洗净；红椒洗净，切丝。
2. 锅内注水烧沸，放入海蜇氽熟后，捞出沥干放凉并装入碗中。
3. 向碗中加入盐、味精、醋、生抽、香油拌匀后，撒上熟芝麻与红椒丝，再倒入盘中即可。

豆瓣海蜇头

制作成本	制作时间	专家点评	适合人群
12元	14分钟	降低血压	老年人

材料 海蜇头200克，蚕豆100克

调料 盐3克，味精1克，醋8克，生抽10克，红椒少许

做法

1. 蚕豆洗净，用水浸泡待用。海蜇头洗净，切片。红椒洗净，切片。
2. 锅内注水烧沸，分别放入海蜇头、蚕豆、红椒焯熟后，捞起沥干放凉并装入盘中。
3. 加入盐、味精、醋、生抽拌匀即可。

生菜海蜇头

制作成本	制作时间	专家点评	适合人群
13元	10分钟	养心润肺	老年人

材料 海蜇头200克，生菜适量

调料 白醋50克，麻油10克，生抽、陈醋各50克

做法

1. 海蜇头用清水冲去盐味，洗净切成薄片备用。
2. 取船形盘一个，用生菜叶2片垫底，装入切好的海蜇头。
3. 取小口碗一个，放入生抽、麻油、白醋、陈醋调匀即可。

酸辣海蜇

制作成本	制作时间	专家点评	适合人群
15元	10分钟	开胃消食	女性

材料 海蜇头300克，泡包菜80克

调料 香菜段20克，盐3克，香油、白糖各5克，白醋、辣椒粉各10克

做法

1. 海蜇治净，切丝，用开水烫一下，过凉捞出控水。
2. 泡包菜切丝。
3. 将海蜇丝、包菜丝加盐、香油、白糖、白醋、辣椒粉拌匀，撒上香菜即可。

港式海蜇头

制作成本	制作时间	专家点评	适合人群
11元	14分钟	排毒瘦身	女性

材料 黄瓜50克，海蜇头200克，紫包菜少许

调料 盐3克，味精1克，醋6克，生抽10克，红椒少许

做法

1 黄瓜洗净，切块；海蜇头洗净，紫包菜洗净，切成小片；红椒洗净，切片。

2 锅内注水烧沸，放入海蜇头、紫包菜、红椒焯熟后，捞起沥干放凉并装入盘中，再放入黄瓜。

3 加入盐、味精、醋、生抽拌匀即可。

鸡丝海蜇

制作成本	制作时间	专家点评	适合人群
18元	75分钟	养心润肺	老年人

材料 鸡肉200克，海蜇丝100克，香菜20克，红椒10克，葱花、姜丝各5克

调料 盐、麻油各5克，味精、鸡精各3克，辣椒油10克

做法

1 将鸡肉放入水中煮熟后，捞出撕成丝，加入盐、味精、鸡精拌匀。

2 将海蜇丝入沸水中氽水后，捞出放入清水中泡1小时左右，用香菜梗、葱花、姜丝、辣椒油、麻油拌匀。

3 再将鸡丝放置在海蜇丝上摆好即可。

蒜香海蜇丝

制作成本	制作时间	专家点评	适合人群
17元	28分钟	降低血压	老年人

材料 海蜇300克，黄瓜100克

调料 蒜泥15克，香油25克，盐3克，味精、鸡精各2克，醋8克

做法

1. 海蜇泡入冷开水中约20分钟，取出洗净，切成丝，装入盘中。
2. 黄瓜洗净，切成丝后放入装有海蜇丝的盘中。
3. 调入蒜泥、香油、盐、味精、鸡精、醋，拌匀即可食用。

陈醋蜇头

制作成本	制作时间	专家点评	适合人群
15元	10分钟	排毒瘦身	女性

材料 海蜇头300克

调料 陈醋30克，盐2克，味精1克，老抽15克，红椒少许

做法

1. 海蜇头治净；红椒洗净，切圈。
2. 锅内注水烧沸，放入海蜇头焯熟后，捞出沥干放凉，装入盘中。
3. 用陈醋、盐、味精、老抽调成汁，浇在海蜇头上，撒上红椒圈即可。

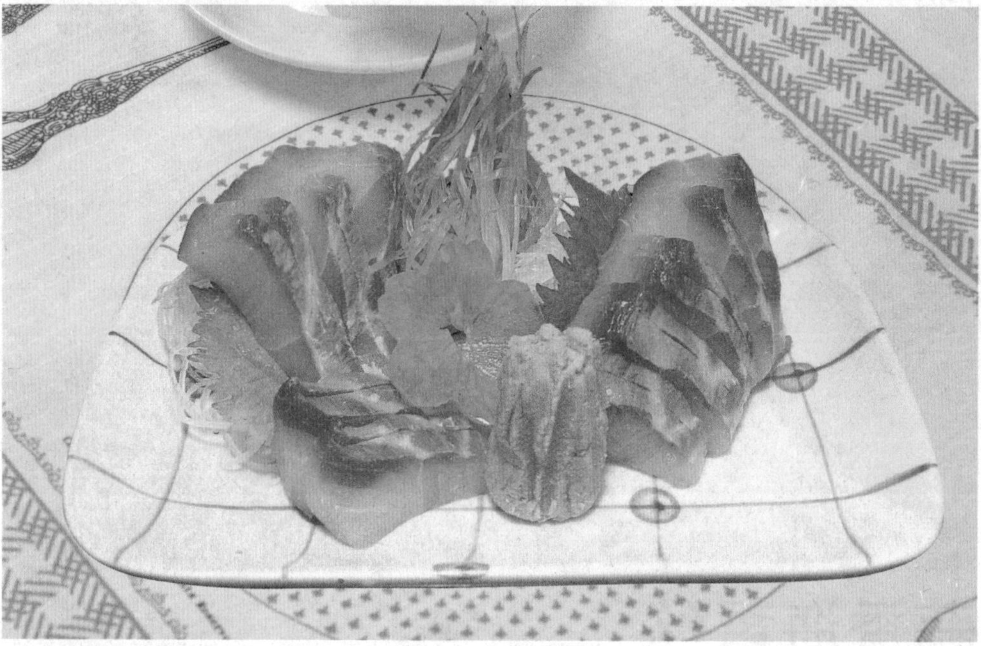

斑鱼刺身

制作成本	制作时间	专家点评	适合人群
18元	1天	保肝护肾	男性

材料 斑鱼300克，白芝麻8克

调料 葱花、姜末各8克，酱油、芥辣各适量

做法

1 斑鱼治净，切块，放入冰块中浸泡1天后，捞出摆入盘中。

2 将调味料混合成味汁，食用时蘸上味汁即可。

刺身大连赤贝

制作成本	制作时间	专家点评	适合人群
16元	1天	降低血脂	老年人

材料 赤贝250克，黄瓜片40克

调料 酱油、芥辣各适量

做法

1 冰块打碎放入盘中。赤贝治净，放入冰块中冰镇1天备用。

2 赤贝解冻后，摆在冰盘上，以黄瓜片围边。

3 将调味料调匀，供蘸食。

什锦刺身拼盘

制作成本	制作时间	专家点评	适合人群
32元	1天	开胃消食	男性

材料 三文鱼150克，平目鱼、鱿鱼、章红鱼、醋青鱼、北极贝各100克，圣女果适量

调料 生抽80克，芥末粉5克，柠檬10克

做法

1. 三文鱼、章红鱼洗净，去鳞、骨，切段，冻1天，取出切片；北极贝去肚洗净，切片；鱿鱼、平目鱼均治净，冻1天，取出切片；醋青鱼洗净，冻1天，切片；柠檬洗净，切片；圣女果洗净。
2. 将所有原材料摆放在刺身盘上。
3. 将生抽、芥末粉混合为味汁，食用时蘸味汁即可。

平目鱼刺身

制作成本	制作时间	专家点评	适合人群
12元	1天	开胃消食	女性

材料 平目鱼200克，紫苏叶2片，白萝卜15克

调料 酱油、芥辣、寿司姜各适量，蒜末8克

做法

1. 平目鱼治净，冻1天，取出切片；紫苏叶洗净，擦干水分；白萝卜去皮，洗净，切成细丝。
2. 将冰块打碎，撒上白萝卜丝，铺上紫苏叶，再摆上平目鱼。
3. 将调味料混合成味汁，食用时蘸味汁即可。

金枪鱼背刺身

制作成本	制作时间	专家点评	适合人群
11元	10分钟	降低血压	老年人

材料 金枪鱼背140克，柠檬角10克，海草、青瓜丝、萝卜丝各适量

调料 散装芥辣、豉油各适量

做 法

1. 将冰块打碎装盘，摆上花草装饰。
2. 金枪鱼背洗净，切成9片，用海草、青瓜丝、萝卜丝垫底，再摆上金枪鱼背。
3. 放入柠檬角、芥辣和豉油即可。

风味刺身拼

制作成本	制作时间	专家点评	适合人群
22元	12分钟	增强免疫力	女性

材料 虾50克，三文鱼150克，北极贝80克

调料 酱油、芥辣、蒜末、柠檬各适量

做 法

1. 虾治净；三文鱼治净，切片；北极贝解冻，切片。
2. 将三文鱼、虾、柠檬片摆入盘中，将北极贝围在柠檬片旁。
3. 将酱油、芥辣、蒜末调匀成味汁，食用时蘸味汁即可。

半生金枪鱼刺身

制作成本	制作时间	专家点评	适合人群
15元	15分钟	开胃消食	女性

材料 金枪鱼背150克，青瓜丝50克，萝卜丝50克，大叶1张，葱丝10克

调料 味椒盐2克，黑椒粉1克，散装芥辣、鱼生豉油、酸汁各适量

做法

1. 将金枪鱼肉撒上味椒盐、黑椒粉腌渍入味。
2. 锅中放油烧热，放入腌好的金枪鱼肉煎熟表面，入冰柜冷冻。
3. 冰块打碎装盘，摆入大叶、青瓜丝、萝卜丝，再摆入金枪鱼肉，调入芥辣、鱼生豉油即可。

和风刺身锦绣

制作成本	制作时间	专家点评	适合人群
20元	13分钟	降低血压	老年人

材料 三文鱼80克，北极贝、虾、金枪鱼各50克，黄瓜片各适量

调料 酱油、芥辣、蒜末、柠檬片各适量

做法

1. 将三文鱼、北极贝、虾、金枪鱼均治净，放入冰块中冰镇1天备用。
2. 三文鱼切片；北极贝解冻，切片；金枪鱼解冻，切块。
3. 冰块打碎，将三文鱼、北极贝、虾、金枪鱼摆入盘中，饰以柠檬片、黄瓜片；用调味料调匀成味汁，食用时蘸味汁即可。

章红鱼刺身

制作成本	制作时间	专家点评	适合人群
16元	15分钟	补血养颜	女性

材料 章红鱼150克

调料 芥辣、日本酱油各15克

做法

1. 章红鱼治净，切成薄片，放入冰水中浸泡10分钟。
2. 将冰块打碎，放在盘中，按顺序摆好章红鱼片。
3. 取芥辣和日本酱油调成味汁，吃时蘸食即可。

金枪鱼刺身

制作成本	制作时间	专家点评	适合人群
20元	10分钟	排毒瘦身	女性

材料 金枪鱼300克，紫苏叶2片，白萝卜25克

调料 酱油、芥辣各适量

做法

1. 金枪鱼解冻，切块，再打上花刀。
2. 白萝卜洗净，切成细丝；紫苏叶洗净，擦干水分。
3. 将冰块打碎，装入盘中，撒上白萝卜丝，摆上紫苏叶，再放上金枪鱼。
4. 将酱油、芥辣调成味汁，食用时蘸味汁即可。

章鱼刺身

制作成本	制作时间	专家点评	适合人群
10元	18分钟	补血养颜	女性

材料 章鱼50克，紫苏叶、柠檬各适量，白萝卜60克

调料 芥辣15克，日本酱油15克

做法

1. 章鱼洗净，切小片，放入冰水中浸泡10分钟；紫苏叶洗净；白萝卜洗净，切丝；柠檬洗净，切片。
2. 将冰块打碎，放在盘中，摆上紫苏叶、白萝卜丝，把章鱼和柠檬交叉摆放好。
3. 取芥辣和日本酱油调成味汁，吃时蘸食即可。

芥辣海胆刺身

制作成本	制作时间	专家点评	适合人群
18元	12分钟	保肝护肾	男性

材料 海胆120克，白萝卜30克，黄瓜10克

调料 芥辣、日本酱油各10克

做法

1. 取出海胆，放入冰水中浸泡10分钟；白萝卜洗净，切丝；黄瓜洗净，切片。
2. 将冰块打碎，放在盘中，摆上白萝卜丝，放上木架，摆上海胆，再用黄瓜做盘饰即可。
3. 取芥辣和日本酱油调成味汁，吃时蘸食即可。

元贝刺身

制作成本	制作时间	专家点评	适合人群
12元	13分钟	降低血脂	老年人

材料 元贝60克，白萝卜30克，紫苏叶、柠檬各适量

调料 芥辣、日本酱油各10克

做法

1. 元贝取肉，撕去肠肚，切片，放入冰水中浸泡10分钟；紫苏叶洗净；白萝卜洗净，切丝；柠檬洗净，切片。
2. 盘中放入碎冰、白萝卜丝，摆上紫苏叶，把元贝和柠檬片交叉摆放好。
3. 取芥辣和日本酱油调成味汁，吃时蘸食即可。

紫苏三文鱼刺身

制作成本	制作时间	专家点评	适合人群
25元	12分钟	保肝护肾	男性

材料 三文鱼400克， 紫苏叶2片，白萝卜15克

调料 酱油、芥辣、寿司、姜各适量

做法

1. 三文鱼治净，取肉切片；紫苏叶洗净，擦干水分；白萝卜去皮，洗净，切成细丝。
2. 将冰块打碎，撒上白萝卜丝，铺上紫苏叶，再摆上三文鱼。
3. 将调味料混合成味汁，食用时蘸味汁即可。

三文鱼腩刺身

制作成本	制作时间	专家点评	适合人群
18元	8分钟	补血养颜	女性

材料 三文鱼腩500克

调料 日本芥辣、酱油各适量

做法

1 将三文鱼腩洗净剥去皮，拆去骨后，切成厚薄均匀的片。

2 将冰盆装饰好后，摆入三文鱼片。

3 将日本酱油与芥辣调成味汁后，与装有三文鱼片的冰盆一同上桌，供蘸食即可。

日式三文鱼刺身

制作成本	制作时间	专家点评	适合人群
28元	10分钟	降低血脂	老年人

材料 三文鱼500克

调料 日本酱油、芥辣各适量

做法

1 将冰块打碎，放入盘中制成冰盘。

2 将三文鱼去鳞、骨和皮，取肉洗净切片，摆入冰盘。

3 调入日本酱油和芥辣，再加以装饰即可。

鲜虾刺身

制作成本	制作时间	专家点评	适合人群
19元	11分钟	保肝护肾	男性

材料 基围虾250克，冰块适量

调料 日本酱油、芥辣各适量

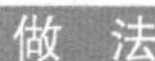

做法

1 冰块打碎，放入盘中制成冰盘。

2 基围虾去头、壳，从中间剖开去掉虾肠，洗净。

3 将虾排列整齐放在冰盘中，调入芥辣、日本酱油，再稍加装饰即可。

龙虾刺身

制作成本	制作时间	专家点评	适合人群
16元	13分钟	养心润肺	女性

材料 龙虾120克

调料 日本酱油、芥辣各适量

做法

1 将龙虾宰杀洗净，挖出虾肉。

2 将虾肉切成片后，摆入冰盆中。

3 取一味碟，调入日本酱油、芥辣拌匀，放置冰盆旁边，待蘸用即可。

味淋浸响螺

制作成本	制作时间	专家点评	适合人群
24元	20分钟	养心润肺	男性

材料 响螺600克

调料 日本酱油20克，芥辣15克，味淋5克，姜汁10克，酒5克，盐水100克

做法

1. 将响螺的泥沙清洗干净。
2. 盐水、姜汁、酒入锅，放入响螺煮熟。
3. 取出响螺，去掉螺肉上的小片，沥干水，淋上味淋，调入芥辣、日本酱油即可。

锦绣刺身拼盘

制作成本	制作时间	专家点评	适合人群
18元	18分钟	补血养颜	女性

材料 三文鱼50克，八爪鱼50克，鱼50克，希鲮鱼50克，北极贝50克，柠檬10克，海草20克，萝卜丝、青瓜丝各少许，大叶2张

调料 散装芥辣、豉油各适量

做法

1. 将冰块打碎放入盘中，柠檬切片备用。
2. 将所有鱼洗净，去骨取肉切成片状。
3. 海草、青瓜丝、萝卜丝、大叶放在冰上垫底，放上各种鱼片，再加入柠檬、芥辣、豉油，稍加装饰即可。

日式青龙刺身

制作成本	制作时间	专家点评	适合人群
19元	15分钟	增强免疫力	儿童

材料 龙虾 150 克，冰粒 1000 克

调料 青芥辣 30 克，日本豉油 35 克，青柠檬适量

做法

1. 龙虾头去掉，把龙虾的壳用剪刀剪开，再将虾肉取出；青柠檬切成 6 块。
2. 冰粒打碎铺在刺身用的龙虾船上。
3. 虾肉改刀切成薄片铺在碎冰上，把龙虾头和虾壳，放在龙虾船上，再放上青柠檬块和青芥辣、日本豉油即可。

第五部分

营养沙拉

沙拉是用各种凉透的熟料或是可以直接食用的生料加入调味品或浇上各种冷调味汁拌制而成的。沙拉的原料选择范围很广，各种蔬菜、水果、海鲜、禽蛋、肉类等均可。沙拉大都具有色泽鲜艳、外形美观、鲜嫩爽口、解腻开胃的特点。沙拉的原料新鲜细嫩，是美味又营养且做法简单的美食。

果丁酿彩椒

制作成本	制作时间	专家点评	适合人群
7元	12分钟	排毒养颜	女性

材料 彩椒20克，苹果80克，橙子、芒果各70克，奇异果50克

调料 沙拉酱50克，茄汁50克

做法

1. 彩椒横腰切开，去籽雕花备用，所有水果切细丁。
2. 取一个碗，倒入茄汁和沙拉酱拌匀备用。
3. 将切好的果丁装入盘中，调入备好的沙拉酱拌匀，装入彩椒里，摆盘即可。

果蔬沙拉

制作成本	制作时间	专家点评	适合人群
8元	7分钟	养心润肺	女性

材料 圣女果、菠萝、黄瓜、梨子、生菜各适量

调料 沙拉酱适量

做法

1. 生菜洗净，放在碗底；梨子、黄瓜洗净，去皮，切成小圆段；菠萝去皮，洗净，切成块；圣女果洗净，对切备用。
2. 将所有的原材料放入碗中，淋上沙拉酱即可。

带子肉果蔬沙拉

制作成本	制作时间	专家点评	适合人群
14元	10分钟	排毒瘦身	女性

材料 带子肉300克，芥蓝、芒果各150克，青、红甜椒各50克

调料 盐、姜、沙拉酱各适量

做 法

1 青、红甜椒洗净，切块；芥蓝、芒果去皮，切丁；带子肉洗净备用。
2 青、红甜椒及芥蓝放入开水中稍烫，捞出。带子肉放入清水锅，加盐、姜煮好，捞出。
3 将备好的原材料放入盘中，食用时蘸取沙拉酱即可。

鲜果沙拉

制作成本	制作时间	专家点评	适合人群
9元	5分钟	开胃消食	儿童

材料 哈密瓜50克，苹果50克，雪梨50克，火龙果25克，橙子25克，西瓜25克，西红柿40克

调料 沙拉酱适量

做 法

1 将所有原材料洗净，改刀装盘。
2 将沙拉酱拌匀，备用。
3 将拌匀的沙拉酱盖在原材料上即可。

菠萝沙拉

制作成本	制作时间	专家点评	适合人群
12元	5分钟	开胃消食	儿童

材料 菠萝400克，杧果120克，苹果150克，柠檬、橙子各50克

调料 沙拉酱100克

做 法

1 先将菠萝开个口，取肉；将橙子、杧果切成丁。
2 将苹果先切去皮后，再切成丁；柠檬切片。
3 将沙拉酱和原材料搅拌均匀，倒在菠萝肚内即可。

玉米笋沙拉

制作成本	制作时间	专家点评	适合人群
12元	8分钟	保肝护肾	男性

材料 青、红、黄圆椒各50克，青瓜50克，西红柿50克，圣女果50克，熟鸡蛋1片，玉米粒25克，腰豆10克，玉米笋60克，球生菜100克

调料 沙拉酱20克

做法

1. 将球生菜洗净切碎摆入盘底。
2. 将所有蔬菜洗净切片摆在球生菜上。
3. 调入沙拉酱即可。

鲜蔬沙拉

制作成本	制作时间	专家点评	适合人群
8元	7分钟	开胃消食	女性

材料 温室彩椒20克，小黄瓜100克，球生菜20克，温室西红柿、熟鸡蛋各80克

调料 沙拉酱150克，白醋10克

做法

1. 将所有原材料洗净，改刀装盘。
2. 将沙拉酱、白醋拌匀，备用。
3. 将拌匀的调味料盖在原材料上即可。

什锦沙拉

制作成本	制作时间	专家点评	适合人群
7元	9分钟	排毒瘦身	女性

材料 洋葱50克，青瓜100克，西芹100克，青、红波椒各100克，球生菜、圣女果各适量

调料 洋醋15克，沙拉油25克，胡椒粉少许，黑椒碎适量，盐1克，干葱蓉3克

做法

1. 球生菜洗净沥水，铺在碟中；其他原材料洗净切条，倒入盘中。
2. 将调味料放在一起搅拌成沙拉汁。
3. 将搅拌好的沙拉汁倒入装原材料的盘中拌匀，再盛装在铺有球生菜的碟中，加圣女果装饰即可。

梨椒海皇粒

制作成本	制作时间	专家点评	适合人群
10元	13分钟	提神健脑	儿童

材料 紫包菜30克，梨100克，虾仁、蟹柳、海参各80克，甜椒50克

调料 盐3克，味精1克，生抽8克

做法

1. 紫包菜洗净，制成器皿形状；梨洗净，去皮，切小块；甜椒洗净，入开水中稍烫，捞出。
2. 虾仁、蟹柳、海参洗净，切小粒，入开水中煮熟，再放入油锅，加盐、味精、生抽炒好。
3. 将上述准备好的食材全部放入紫包菜叶中即可。

青木瓜沙拉

制作成本	制作时间	专家点评	适合人群
6元	8分钟	补血养颜	女性

材料 泰国青木瓜200克，西红柿80克

调料 花生碎10克，指天椒5克，蒜头适量

做法

1. 将青木瓜去皮，切开去籽，切成丝。
2. 将指天椒、蒜头剁碎，西红柿切角。
3. 将青木瓜丝、指天椒、蒜蓉、西红柿角一起拌匀上碟，上面放花生碎即可。

木瓜蔬菜沙拉

制作成本	制作时间	专家点评	适合人群
8元	8分钟	补血养颜	女性

材料 木瓜150克，西红柿100克，胡萝卜、西芹各80克，生菜50克

调料 沙拉酱适量

做法

1. 生菜洗净，放盘底；木瓜去皮，切丁；西红柿洗净，切瓣；胡萝卜、西芹洗净，切块备用。
2. 胡萝卜、西芹入开水稍烫，捞出，沥干水分，放入容器，加入木瓜、西红柿、沙拉酱搅拌均匀，放在盘中的生菜叶上即可。

夏威夷木瓜沙拉

制作成本	制作时间	专家点评	适合人群
8元	7分钟	补血养颜	女性

材料 夏威夷木瓜300克，蟹柳适量

调料 千岛酱适量

做法

1. 夏威夷木瓜去籽，洗净，用刀刻成十字花。
2. 将蟹柳撕成条形，摆放在木瓜上面。
3. 调入千岛酱拌匀即可。

地瓜包菜沙拉

制作成本	制作时间	专家点评	适合人群
7元	10分钟	增强免疫	女性

材料 地瓜200克，包菜30克，黄瓜、西红柿各150克

调料 沙拉酱适量

做法

1. 包菜洗净；黄瓜洗净，切小段；西红柿洗净，掰小块；地瓜洗净，去皮，切块。
2. 将包菜入沸水中稍烫后，盛入盘中。
3. 将备好的原材料放入盘中，食用时蘸取沙拉酱即可。

木瓜虾沙拉

制作成本	制作时间	专家点评	适合人群
10元	12分钟	排毒瘦身	女性

材料 泰国木瓜350克，鲜九节虾50克

调料 白沙拉汁30克，橄榄油5克，白酒2克，盐2克

做法

1. 木瓜开边去籽，挖出瓜肉，壳留用，瓜肉切成丁、用白沙拉汁调好。
2. 鲜九节虾去壳，用沸水煮熟，加入橄榄油、白酒、盐调匀。
3. 将已调好的木瓜肉填回木瓜壳中，面上铺上虾仁，再用沙拉酱拉网状即可。

黄瓜西红柿沙拉

制作成本	制作时间	专家点评	适合人群
7元	5分钟	降低血糖	老年人

材料 黄瓜、西红柿各300克

调料 沙拉酱适量

做法

1. 黄瓜洗净，去皮，切片；西红柿洗净，切片备用。
2. 将备好的原材料放入盘中，加入沙拉酱即可。

芦笋蔬菜沙拉

制作成本	制作时间	专家点评	适合人群
9元	7分钟	开胃消食	男性

材料 黄瓜、绿包菜、心里美萝卜、紫包菜、白芦笋，青、黄、红甜椒，红、黄圣女果各适量

调料 沙拉酱适量

做法

1. 将所有的原材料洗净；青、黄、红甜椒，紫包菜切块；心里美萝卜、黄瓜、白芦笋切段备用。
2. 绿包菜、心里美萝卜、白芦笋、甜椒入开水稍烫，捞出，沥干水分。
3. 将所有的原材料放入盘中，食用时蘸取沙拉酱即可。

土豆玉米沙拉

制作成本	制作时间	专家点评	适合人群
6元	14分钟	增强免疫力	老年人

材料 土豆300克，黄瓜、西红柿各80克，罐头玉米50克，生菜30克

调料 盐、沙拉酱各适量

做法

1. 生菜洗净，放在盘底；黄瓜洗净，切段；土豆洗净，去皮，切小块备用。
2. 土豆入清水锅，加盐煮好，捞出，压成泥。
3. 所有的食材装盘，加入罐头玉米，将黄瓜段上的皮削下撒在上面，食用时蘸取沙拉酱即可。

土豆泥沙拉

制作成本	制作时间	专家点评	适合人群
8元	15分钟	补血养颜	女性

材料 土豆500克，黄瓜、西红柿各50克，生菜30克

调料 盐、沙拉酱各适量

做法

1. 生菜洗净，放在盘底。黄瓜、西红柿洗净，一部分切末，另一部分切片。
2. 土豆洗净，去皮，切小块，入清水锅中加盐煮好，捞出压成泥，放入西红柿、黄瓜末揉成圆团装盘。
3. 西红柿片和黄瓜片作为盘饰，食用土豆泥时蘸取沙拉酱即可。

葡国沙拉

制作成本	制作时间	专家点评	适合人群
10元	8分钟	增强免疫力	女性

材料 青、红、黄圆椒各50克，洋葱30克，鸡心茄30克，海草2片，脆皮肠、圣女果，葡萄各适量

调料 千岛酱适量

做法

1. 将各原材料洗净，改切成圆形。
2. 切好的原材料分层次摆放于碟中。
3. 调入千岛酱拌匀即可。

什锦生菜沙拉

制作成本	制作时间	专家点评	适合人群
6元	10分钟	排毒瘦身	女性

材料 黄瓜、胡萝卜各50克，西红柿80克，球生菜150克

调料 沙拉酱适量

做法

1. 黄瓜洗净，切薄片；胡萝卜洗净，切薄片，入沸水稍烫，捞出，沥干水分。
2. 西红柿洗净，切瓣；球生菜洗净，入开水稍烫，捞出，沥干水分。
3. 备好的原材料放入盘中，蘸取沙拉酱即可食用。

什锦蔬菜沙拉

制作成本	制作时间	专家点评	适合人群
9元	8分钟	增强免疫力	老年人

材料 紫包菜、罐头玉米、黄瓜、青椒、生菜、胡萝卜、圣女果、绿包菜各适量

调料 沙拉酱适量

做法

1. 生菜洗净，放在碗底；胡萝卜、紫包菜、绿包菜洗净，切丝；青椒洗净，切条；黄瓜洗净，切片；圣女果洗净备用。
2. 紫包菜、胡萝卜、包菜、青椒放入开水中稍烫，捞出，沥干水分，与黄瓜、圣女果、罐头玉米放入碗中，淋上沙拉酱即可。

苹果草莓沙拉

制作成本	制作时间	专家点评	适合人群
5元	4分钟	补血养颜	女性

材料 苹果、奇异果、草莓、圣女果、葡萄干、木瓜各适量

调料 酸奶100克

做法

1. 苹果洗净，去皮、去核，切块；奇异果洗净，去皮，切块；圣女果、大部分草莓洗净，切块；木瓜洗净，去皮、去籽，切块。
2. 将另一小部分草莓切小丁，与酸奶拌匀。
3. 将所有材料放入盘中，加入拌好的酸奶和葡萄干拌匀即可。

营养蔬果沙拉

制作成本	制作时间	专家点评	适合人群
6元	6分钟	增强免疫力	儿童

材料 莴苣120克，橘子、小黄瓜各50克，百香果20克，紫高丽菜、红甜椒各适量

调料 酸奶100克

做法

1. 莴苣洗净，撕成片；小黄瓜洗净，切片；紫高丽菜和红甜椒洗净，切丝；橘子去皮。
2. 百香果洗净对剖，挖出果肉，将酸奶加入百香果调匀，制成百香果酸奶酱。
3. 将莴苣、橘子、小黄瓜、紫高丽菜、红甜椒、百香果酸奶酱放入盘中拌匀即可。

生菜珍珠沙拉

制作成本	制作时间	专家点评	适合人群
6元	14分钟	开胃消食	女性

材料 生菜100克，小黄瓜50克，西红柿80克，珍珠贝罐头1罐

调料 千岛沙拉酱、盐、胡椒粉各适量

做法

1. 生菜剥开叶片，洗净，以手撕成小片；小黄瓜洗净，去除头尾，切成斜片，一起放入冰开水中浸泡3分钟，捞起，沥干水分；西红柿洗净，去蒂，切薄片。
2. 珍珠贝罐头打开，取出珍珠贝，装在大盘中，加入生菜、小黄瓜和西红柿备用。
3. 调味料倒入小碗调拌均匀，淋在生菜、小黄瓜、西红柿及珍珠贝上即可。

土豆蔬果沙拉

制作成本	制作时间	专家点评	适合人群
7元	15分钟	增强免疫力	儿童

材料 土豆100克，柳橙、奇异果、苹果各80克，洋火腿20克，冷冻什锦蔬菜50克

调料 沙拉酱适量

做法

1. 土豆、苹果均去皮，切丁；柳橙、奇异果去皮，切成半圆形薄片；洋火腿切成三角形。
2. 锅中加适量水烧开，分别放入土豆和冷冻什锦蔬菜汆烫至熟，捞起，放入碗中。
3. 待凉加沙拉酱搅拌均匀，盛在盘中，盘边加入柳橙、奇异果和洋火腿片点缀，即可端出。

鸡蛋蔬菜沙拉

制作成本	制作时间	专家点评	适合人群
6元	8分钟	降低血压	老年人

材料 包菜、胡萝卜、紫包菜、圣女果、罐头玉米、黄瓜、西红柿、鸡蛋各适量

调料 沙拉酱适量

做法

1. 包菜洗净，切块，放入开水稍烫，捞出，放上沙拉酱搅拌均匀。
2. 鸡蛋煮熟，去壳，切瓣；紫包菜、胡萝卜洗净切丝，入开水稍烫，捞出；黄瓜洗净，切片；西红柿洗净，切圆片。
3. 圣女果洗净，上述所有材料放入碗中，加入罐头玉米即可。

鸡冠草沙拉

制作成本	制作时间	专家点评	适合人群
6元	7分钟	增强免疫力	女性

材料 青、红鸡冠草各150克，海带芽200克，黄瓜30克

调料 盐、葱花、沙拉酱各适量

做法

1. 青、红鸡冠草，海带芽泡发，洗净；黄瓜洗净，切薄片备用。
2. 将青、红鸡冠草，海带芽入加了盐的开水中烫熟，捞出，沥干水分，放碗中，撒上葱花，食用时蘸取沙拉酱即可。

加州沙拉

制作成本	制作时间	专家点评	适合人群
7元	8分钟	开胃消食	老年人

材料 红边生菜20克，九芽生菜20克，卡夫芝士片1片，西瓜50克，杧果30克，红提子50克，奇异果50克，苹果40克

调料 洋醋10克，沙拉油15克，胡椒粉少许，黑椒碎、干葱各适量

做法

1. 将芝士片切成方片，其他原材料洗净沥干水。
2. 将所有调味料放在一起拌匀。
3. 将原材料放入盘中，倒入调味料拌匀，上碟即可。

扒蔬菜沙拉

制作成本	制作时间	专家点评	适合人群
5元	12分钟	防癌抗癌	老年人

材料 茄子50克，洋葱40克，甜椒20克，鲜菇、芦笋各适量

调料 椰榄油15克，盐3克，胡椒3克，香草适量

做法

1. 茄子、洋葱、甜椒、鲜菇、芦笋洗净，切成条状，放入盐、胡椒、橄榄油、香料拌匀。
2. 将扒炉火力开至中火，所有蔬菜放在扒炉中扒至熟。
3. 将扒好的蔬菜依次摆入盘中并加以装饰即可。

玉米西红柿沙拉

制作成本	制作时间	专家点评	适合人群
7元	10分钟	保肝护肾	男性

材料 嫩玉米粒300克，西红柿、豌豆各100克

调料 沙拉酱适量

做法

1. 将玉米粒洗净，加适量清水煮熟。
2. 西红柿洗净，入沸水中稍烫，捞出剥去皮，去籽，切丁；豌豆洗净，加适量清水煮熟。
3. 将玉米粒、西红柿丁、豌豆盛入碗中，拌入沙拉酱即可。

沙司桂花山药

制作成本	制作时间	专家点评	适合人群
7元	15分钟	增强免疫力	老年人

材料 山药400克，圣女果适量

调料 桂花酱、沙司各适量

做法

1. 将山药洗净去皮，切块；圣女果洗净备用。
2. 山药入开水中煮熟，捞出，沥干水分，装入碗中。
3. 在山药上淋上沙司、桂花酱，以圣女果作装饰即可。

年糕沙拉

制作成本	制作时间	专家点评	适合人群
12元	13分钟	开胃消食	女性

材料 水晶年糕200克，马蹄400克

调料 卡芙酱30克，朱古力屑10克

做法

1. 年糕切成丁，过沸水后冷却待用；马蹄洗净，过沸水冷却，去皮切丁。
2. 将卡芙酱、马蹄丁与年糕丁搅拌在一起。
3. 撒上朱古力屑即可。

沙拉面包卷

制作成本	制作时间	专家点评	适合人群
6元	10分钟	开胃消食	男性

材料 面包6片，生菜100克

调料 白沙拉酱适量，牛油50克

做法

1. 面包片去硬边切薄片，生菜切成细丝。
2. 将生菜丝用白沙拉酱和好拌匀。
3. 面包片平放，放在和好的生菜沙拉上，用牛油涂上，封好口，以斜角切开，装碟即可食用。

金丝虾沙拉

制作成本	制作时间	专家点评	适合人群
8元	15分钟	排毒瘦身	女性

材料 虾、苹果、黄瓜、圣女果、土豆各适量

调料 盐、料酒、脆香糊、沙拉酱、炼乳各适量

做法

1. 土豆去皮洗净，切细丝，用油炸好。
2. 虾治净，用盐、料酒码味，放入脆香糊中，油炸一两分钟，再把虾放入沙拉酱、炼乳调好的糊中，再粘一层土豆丝放在盘子四周。
3. 所有的水果洗净，切丁，放入碗中，加入沙拉酱搅拌均匀，放盘中间即可。

火龙果桃仁炸虾球

制作成本	制作时间	专家点评	适合人群
12元	15分钟	提神健脑	儿童

材料 火龙果400克，鸡蛋清60克，核桃仁60克，虾100克，甜椒50克

调料 糖浆、芝麻、盐、味精、淀粉各适量

做法

1. 火龙果剖开，挖瓤切块，壳做器皿；甜椒洗净，切块，烫熟备用；核桃仁裹上糖浆，再蘸上芝麻，入油锅炸好；虾治净，加蛋清、盐、味精、淀粉搅匀，入油锅炸好。
2. 将所有备好的材料盛入火龙果的壳中即可。

龙虾沙拉

制作成本	制作时间	专家点评	适合人群
28元	18分钟	增强免疫力	男性

材料 龙虾200克，熟茨仔30克，熟龙虾肉50克，熟土豆80克

调料 白沙拉汁20克，橄榄油15克，柠檬片8克

做法

1. 熟土豆切丁，熟龙虾去壳取肉切丁，茨仔切小丁。
2. 将茨仔、土豆、橄榄油、柠檬片拌匀，备用。
3. 龙虾取头尾，摆盘上下各一边，中间放入调好的沙拉，面上摆龙虾肉，再用白沙拉汁拉出网状即可。

明虾沙拉

制作成本	制作时间	专家点评	适合人群
7元	12分钟	降低血压	老年人

材料 冻明虾100克，生菜50克，红波椒20克，洋葱20克，西芹适量

调料 白兰地1克，油醋汁15克，盐适量

做法

1. 将明虾解冻，烧沸水后放入明虾焯熟，再放入冰水中浸冻后捞起，去壳、留头尾，加入白兰地、盐略腌。
2. 将所有蔬菜洗净，切好。
3. 生菜铺在碟底，上面放红波椒、洋葱、西芹，旁边放已腌好的明虾，伴油醋汁进食。

鲜虾芦笋沙拉

制作成本	制作时间	专家点评	适合人群
8元	12分钟	开胃消食	男性

材料 鲜九节虾80克，芦笋30克，西红柿、青瓜、白菌各适量，生菜30克，黑水榄15克

调料 橄榄油15克，盐4克，胡椒粉2克，白葡萄酒5克

做 法

1 西红柿洗净切块，青瓜取肉，虾去壳取肉，生菜洗净切丝。

2 锅中水烧开，分别放入虾和芦笋烫熟，捞出用盐、橄榄油、胡椒粉、白菌、白葡萄酒腌制 5 分钟。

3 将生菜、西红柿、青瓜、黑水榄摆入杯中，再放入虾和芦笋。

虾仁菠萝沙拉

制作成本	制作时间	专家点评	适合人群
18元	10分钟	开胃消食	女性

材料 虾仁、菠萝各200克，西芹100克

调料 沙拉酱适量

做 法

1. 虾仁洗净，去背部沙线，放入沸水中氽熟，沥干水待用。
2. 菠萝去皮后用盐水泡半小时，切成小丁。西芹洗净，切小段，入沸水中焯熟。
3. 将所有原材料放入大碗中，加入沙拉酱拌匀即可。

蟹子沙拉

制作成本	制作时间	专家点评	适合人群
17元	13分钟	补血养颜	女性

材料 蟹子80克，蟹柳200克，黄瓜、苹果各100克

调料 沙拉酱适量

做 法

1. 蟹柳洗净，切条；黄瓜、苹果洗净，切丝。蟹子用凉开水冲洗净。
2. 蟹柳入沸水锅中煮熟，捞出，沥干水分，与苹果、黄瓜、蟹子加沙拉酱拌匀即可。

鱼子水果沙拉盏

制作成本	制作时间	专家点评	适合人群
8元	6分钟	提神健脑	儿童

材料 火龙果150克，橙子100克，圣女果、葡萄各50克，鱼子适量

调料 卡夫奇妙酱适量

做法

1. 火龙果洗净，挖瓤切丁后作为器皿。
2. 橙子一个切片，一个去皮切丁；圣女果、葡萄洗净，对切放盘底；鱼子用凉开水洗净备用。
3. 将水果淋上卡夫奇妙酱，撒上配菜即可。

金枪鱼沙拉

制作成本	制作时间	专家点评	适合人群
15元	10分钟	降低血糖	老年人

材料 金枪鱼300克，生菜30克，胡萝卜、黄瓜各100克

调料 盐5克，沙拉酱适量

做法

1. 金枪鱼治净，切细条；黄瓜、胡萝卜洗净，切薄片；生菜洗净放碗底备用。
2. 黄瓜、胡萝卜入开水稍烫，捞出，沥干水分；金枪鱼在加了盐的开水中煮熟，捞出。
3. 将备好的原材料放入容器，加入沙拉酱搅拌均匀，装入碗中即可。

金枪鱼玉米沙拉

制作成本	制作时间	专家点评	适合人群
12元	9分钟	排毒瘦身	女性

材料 鸡蛋100克，生菜30克，西红柿、罐头玉米粒各50克，金枪鱼、黄瓜各150克

调料 沙拉酱适量

做法

①生菜洗净，放盘底；西红柿洗净，切瓣；鸡蛋煮熟，对切；黄瓜洗净，一部分切丝，一部分切长条。

②金枪鱼洗净，切小粒，入开水煮熟，捞出，放上沙拉酱搅拌均匀，撒上黄瓜丝。

③上述食材放入盘中，加入玉米粒即可。